XIANGZHEN QIXIANG ZAIHAI FANGYU DUBEN

乡镇气象灾害防御读本

朱临洪 主编

图书在版编目(CIP)数据

乡镇气象灾害防御读本/朱临洪主编.—北京：气象出版社，2014.10（2018.9重印）

ISBN 978-7-5029-6036-0

Ⅰ.①乡… Ⅱ.①朱… Ⅲ.①乡镇-气象灾害-灾害防治-中国 Ⅳ.①P429

中国版本图书馆 CIP 数据核字(2014)第 245522 号

出版发行：气象出版社

地　　址：北京市海淀区中关村南大街 46 号　**邮政编码**：100081

电　　话：010-68407112(总编室)　010-68408042(发行部)

网　　址：http://www.qxcbs.com　**E-mail**：qxcbs@cma.gov.cn

责任编辑：侯娅南　**终　　审**：邵俊年

封面设计：符　赋　**责任技编**：吴庭芳

印　　刷：三河市君旺印务有限公司

开　　本：889 mm×1194 mm　1/32　**印　　张**：4.75

字　　数：130 千字

版　　次：2015 年 1 月第 1 版　**印　　次**：2018 年 9 月第 5 次印刷

定　　价：18.00 元

编委会

主　编：朱临洪

副主编：薛增军　胡育峰　范永玲　张　军
朱俊峰　王文义

编　委：王少俊　王文春　张喜娃　裴克莉
乔云红　朱金花　时瑞琳　王晓丽
高　欣　崔栋梁　张华明　李必龙
阎宇琼　田　霞

前 言

据统计，近30年来，全球86％的重大自然灾害、59％的因灾死亡、84％的经济损失和91％的保险损失都是由气象灾害引起的。气象灾害能够造成巨大的经济损失和人员伤亡，提高气象灾害防御水平和能力是当今社会经济发展的必然。

我国气象灾害频发，并且分布广、损失大，是世界上气象灾害最为严重的国家之一。台风、暴雨、暴雪、冰雹、大风、寒潮、雷电、干旱、大雾、霾、霜冻等气象灾害以及泥石流、滑坡、森林火灾等气象次生灾害对国民经济发展和人们日常生活的影响越来越大。

根据“百县千乡”气象为农服务对气象防灾减灾的要求，我们组织汇编了《乡镇气象灾害防御读本》一书，本书从气象灾害防御的角度，对气象灾害的种类及各种气象灾害的定义、标准、危害、预警信号等内容做了详细介绍，对乡镇气象灾害发生时应采取的防御措施和应急手段做了说明，是面向基层，增强全民防灾减灾意识，提高乡镇气象灾害预防、避险、自救、互救能力的科普读本，同时也可当作气象信息员培训教材使用。

目　录

第一章 概 述

第一节 气象灾害的严重性

世界气象组织（WMO）前秘书长奥巴西（G. O. P. Obasi）指出，1967—1991年全球受自然灾害影响的死亡人数呈不断增加的趋势，其中直接由气象灾害引起的死亡人数约占自然灾害总死亡人数的61%，气象灾害给人类造成的危害是十分严重的。

我国地处东亚季风区，幅员辽阔，气候条件和地理状况复杂，是世界上自然灾害最严重的国家之一，而在各类自然灾害中，气象灾害就占了70%以上。每年受干旱、台风、暴雨、雷电、冰雹、寒潮、大风、暴雪、沙尘暴、大雾、高温等气象灾害以及泥石流、滑坡、森林火灾等气象次生灾害影响的人口约3.8亿，因气象灾害造成的直接经济损失达1800亿元，约相当于国内生产总值的1%～3%。联合国政府间气候变化专门委员会（IPCC）第四次评估报告指出，近百年来，地球正经历以全球变暖为特征的显著变化，最近100年全球气温增加了0.74 ℃，预计未来气温还将继续上升。在全球变暖的大背景下，近年来干旱、暴雨、台风等各种极端天气气候事件频繁发生，破坏程度越来越大，影响越来越严重，应对难度越来越大。

第二节　乡镇气象灾害防御面临的新形势

气象灾害防御是国家公共安全的重要组成部分，是政府赋予气象部门的一项重要的社会管理职能，而乡镇气象灾害防御管理问题最为直接和具体，加之气象灾害防御管理要求相关部门对可能或已经发生的气象灾害尽快做出是否防治的决策，并迅速组织有关资源实施防御措施，因此，乡镇气象灾害防御能否适应新形势就显得格外重要。

一、主要经验

目前，我国不少乡镇已基本形成了政府统一领导的防灾减灾体系，在多年来的防灾减灾中有效地领导和组织了防灾、抗灾、救灾与重建工作，减少了气象灾害带来的破坏和损失，为促进经济社会发展起到了重要作用。

二、存在的主要问题

面对不断增长的防灾减灾需求和经济社会发展要求，乡镇气象灾害防御还存在着缺陷和不足，主要问题有：应对乡镇气象灾害的主动防御能力不足，社会公众减灾意识不强，防灾减灾法规不健全，缺乏科学的气象灾害防御指南，气象灾害防御培训不够普及，防灾减灾综合能力薄弱等。因此，乡镇气象灾害防御体系有待进一步完善。

三、需求分析

全球气候变暖使极端天气气候事件变得更为频繁，从而导致暴雨、高温、寒潮、暴雪等气象灾害出现的可能性加大，而乡镇现有的防灾减灾能力建设和管理已经跟不上乡镇发展的步伐，乡镇防御气象灾害的能力比较脆弱，气象灾害对乡镇造成的损失绝对值呈上升趋势。

乡镇可持续发展对气象灾害的防御提出了更高的要求。突发公共事件应急响应体系建设迫切要求建立和完善乡镇气象灾害应急响应预案，全面提高气象灾害应急处置能力。一旦发生气象灾害应立即按照预案规定的程序启动应急响应机制，调动乡镇各方面的力量，开展应急处置与救援，实现科学、高效地防灾减灾。乡镇应编制具有可操作性的气象灾害应急响应预案，增强乡镇防灾减灾的能力。

党的十八大提出“加强防灾减灾体系建设，提高气象、地质、地震灾害防御能力，推进生态文明建设”。这充分表明了党中央对气象防灾减灾工作的高度重视。开展乡镇气象灾害防御工作，要适应新形势要求，必须以科学发展观为指导，确立新的战略思想，明确新的战略目标，部署新的战略任务，全面开创乡镇气象灾害防御工作新局面，为保障乡镇可持续发展做出新的贡献。

第三节　乡镇气象灾害主动防御的重要性

在历史发展的长河中，在相当一段时间内，限于当时生产力水平的局限，人们对气象灾害的认识还是肤浅的，往往是在灾害来临时，或是“匆忙迎战”，或是“被动挨打”，使得生命财产受到很大损失，这种情况甚至在近代也是时有发生。

事实上，各种气象灾害都是由不同的天气现象造成的。在形成气象灾害之前，这些天气现象都有一个孕育、发生、发展的过程，如风、雨、气温等超过一定的临界值就会发生气象灾害。在发生气象灾害之前，一般都会有前兆出现。做好气象灾害趋势预报，能够有效提高气象灾害防御的科学性和时效性。气象灾害时空分布不均匀、灾害损失重等因素大大增加了乡镇气象灾害防御的难度，即使是在天气预报技术较先进的今天，也有可能会出现公众在收到政府防御指令时，气象灾害已经来临的情况。这时，临时采取措施可能已错过灾害防御的最佳时机。因此，制定有针对性的防灾措施，抓住防灾避灾的有利时机，变被动防御为主动防御．就要做好以下两个方面：

一是做好气象防灾减灾知识的宣传和普及，提高乡镇群众的灾害防范意识和防灾避险自救能力，变被动防御为主动防御。为此，就要做好灾害风险区划研究，加大气象防灾减灾知识的宣传力度。要进一步加强气象灾害风险评估工作，根据当地地理环境和气象灾害特点，逐步建立气象灾害风险区划，有针对性地制定和完善防灾减灾措施。各乡镇政府要通过宣传和舆论指导，使公众在面临可能发生的灾害时，能够提前、主动地采取灾害防御措施，积极配合政府组织的灾害防御工作，有效减少灾害损失。

二是建立健全乡镇气象灾害防御体系，充分发挥乡镇气象信息员的桥梁纽带作用。要进一步建立健全“政府主导、部门联动、社会参与”的气象灾害防御体系，把各乡镇政府组织防御和乡镇群众主动科学防范有机结合起来。针对乡镇气象灾害防御实际，深入广大基层建立乡镇气象信息员队伍，提高乡镇气象灾害防御应急响应的联动性。气象信息员应熟悉当地气象灾害重点防御区域，按职责做好气象灾害预警信息的传播，做好灾情、险情和灾害性天气信息的报告，积极协助当地政府做好气象灾害应急防御的组织工作，充分发挥气象信息员在基层防灾减灾中的重要作用，切实做到规避灾害风险，减轻灾害损失。

总之，乡镇气象灾害防御应遵循预防为主、防抗救相结合、非工程措施与工程措施相结合的原则，大力开展防灾减灾能力建设，集中有限资金，加强重点防灾减灾工程建设，着重防御影响较大的气象灾害，并探索减轻气象灾害危害的有效途径，从而实行配套综合治理，发挥各种防灾减灾工程的整体效益。

第四节 乡镇气象灾害防御保障措施

一、加强乡镇气象灾害防御工作组织领导

加强乡镇气象灾害防御工作的组织领导，各乡镇及相关部门要将乡镇气象灾害防御工作列入重要议事日程。统筹规划、分步实施乡镇气象灾害防御重大项目建设，强化基础设施建设。落实乡镇气象灾害防御工作责任制，把乡镇气象灾害防御任务切实落到实处。

二、推进乡镇气象灾害防御法制建设

建立完善乡镇气象灾害防御行政执法管理和监督机制，规范乡镇气象灾害防御活动，提高依法防灾减灾的水平。开展乡镇气象防灾减灾执法检查，及时发现、解决问题，总结、推广经验，促进乡镇防灾减灾工作深入开展，做到有法可依、有法必依。对乡镇气象灾害防御工作中由于失职、渎职造成重大人员伤亡和财产损失的，要坚决依法追究有关人员的责任。

三、强化乡镇气象灾害防御队伍建设

加快建设一支强有力的乡镇气象灾害防御队伍。加强人才的教育培养和引进，造就高素质的专业防灾队伍。加强乡镇气象灾害防御专家队伍建设，为乡镇防灾减灾提供决策咨询。建立乡镇气象灾害信息员队伍和气象灾害应急队伍。

四、完善乡镇气象灾害防御经费投入机制

进一步加大对乡镇气象灾害监测预警、信息发布、应急指挥

及防灾减灾工程项目、基础研究方面的投入。建立健全乡镇气象灾害防御资金投入机制。

第五节　乡镇气象灾害防御管理教育与培训

一、乡镇气象灾害防御的科普宣传与教育

各乡镇应制定气象灾害防御科普工作长远计划和年度实施方案，并按方案组织实施，把气象灾害防御科普工作纳入乡镇发展总体规划。各乡镇领导班子要重视气象灾害防御科普工作，各乡镇要有科普工作分管领导，并有专人负责气象灾害防御科普工作。科普示范乡镇要有由气象信息员、气象科普宣传员、气象志愿者等组成的气象科普队伍，经常向群众宣传气象灾害防御科普知识。

二、乡镇气象灾害防御培训

实施乡镇气象灾害防御培训工程，定期组织气象灾害防御演练，提高乡镇居民防灾意识和正确使用气象信息及自救互救能力。把气象防灾减灾知识纳入行政学校培训体系，定期对气象协理员和气象信息员进行培训。气象协理员和气象信息员是气象部门的“耳目”，肩负着协助气象部门管理本辖区内的气象信息传播、气象灾害防御、气象灾害和灾情调查报告、气象基础设施维护等工作。对气象协理员和气象信息员队伍进行系统和专业的培训是十分必要的，这项培训可以很好地利用现有社会资源，在节省大量人力、物力的同时，使培训常态化、规模化、系统化，为气象协理员和气象信息员队伍的健康发展奠定坚实的基础。

第二章　乡镇主要气象灾害及其防御

第一节　台　风

一、什么是台风

台风是热带气旋的一个类别。在气象学上，热带气旋底层中心附近最大平均风速达到 32.7 米/秒或以上（即风力达 12 级以上）时称为台风。

台风一般发生在夏秋之间，最早发生在 5 月初，最迟发生在 11 月。强台风的发生常伴有大暴雨、大海潮、大海啸，人力几乎无法抗拒，易造成人员伤亡。

国家标准《热带气旋等级》（GB/T 19201—2006）把热带气旋分为 6 个等级，具体见表 2-1。

表 2-1　热带气旋等级

热带气旋等级	底层中心附近最大平均风速（米/秒）	底层中心附近最大风力（级）
热带低压（TD）	10.8～17.1	6～7
热带风暴（TS）	17.2～24.4	8～9
强热带风暴（STS）	24.5～32.6	10～11
台风（TY）	32.7～41.4	12～13
强台风（STY）	41.5～50.9	14～15
超强台风（SuperTY）	≥51.0	16 或以上

二、台风的危害

台风具有很强的破坏力，狂风会掀翻船只、摧毁房屋及其他设备，巨浪能冲破海堤，暴雨能引起山洪暴发。其危害性主要有三个方面：

（1）强风灾。台风中心由于气压很低，气压梯度非常大，因而能形成很强的大风。台风中心附近的风速常达40～60米/秒，有的可达100米/秒，大风足以损坏以至摧毁陆地上的树木、建筑、桥梁、车辆等。特别是在建筑物没有被加固的地区，造成的破坏会更大。海上巨浪滔天时，航行的船只如不及时躲避，很难逃脱灭顶之灾。

（2）暴雨。强对流发展释放的潜热是台风发展和维持的重要条件，因此，强烈的对流性、阵性降水是台风过程中必然出现的现象。在台风经过的地区，一般能产生150～300毫米的降雨，少数台风能产生1000毫米以上的降水，形成特大暴雨。

（3）风暴潮。台风暴潮也称为气象海啸或风暴海啸，是由于台风和伴随的大风或强低气压引起气压剧变，从而导致海面异常升降的现象。风暴潮接近海岸时，海浪的高度只有6～10米，但这足以使海浪所到之处的一切荡然无存。风暴潮还会造成海岸侵蚀，海水倒灌，土壤盐渍化等灾害。

三、台风灾害的重大事件

1931年，长江三角洲北部遭受洪水和风暴潮侵袭，海堤溃决，1400万人受灾，7万人死亡。

1939年，河北、天津遭受台风，死亡12.3万人。

1991年7月13日，6号台风在海南省万宁县沿海登陆，海南岛、雷州半岛、广西沿海出现暴雨和大暴雨，不少地方山洪暴发，灾情严重。这次台风造成21万多公顷农田受灾，83人受伤，34人死亡，105万间房屋倒塌，347条船只被毁，直接损失66亿元以上。

1992年8月30日下午，16号台风在我国台湾省花莲附近沿海登陆，在大风、暴雨及天文大潮的共同影响下，浙江、福建、江苏、山东受灾严重，死亡208人，失踪98人，直接经济损失90多亿元，仅浙江一省就达50多亿元。

1995年8月31日，9号台风在广东海丰与惠东之间登陆，中心风力超过12级，11个市45个县(区)遭受台风、暴雨袭击，941万人受灾，被洪水围困17万人，紧急转移20.5万人，因灾死亡50人，倒塌房屋5.7万多间，损坏29.2万多间，农作物受灾32.4万公顷，直接经济损失36.5亿元。

1996年9月9日，15号台风在广东吴川地区登陆，中心风力12级并伴有暴雨、大暴雨，使23个县930万人受灾，因灾死亡208人，伤病6145人，倒损房屋共143.2万间，直接经济损失170亿元。

2003年9月2日，13号强台风“杜鹃”先后3次登陆广东，导致38人死亡，损失达20亿元，给我国华南地区造成重大灾害和财产损失。

四、防御台风的主要措施

(1)关注台风预警信息。台风的危害性巨大，千万不要忽视。要及时关注气象部门发布的台风预警信息。

(2)备好急救物资。台风来临前，应准备好手电筒、收音机、食物、饮用水及常用药品等，以备急需。

(3)防范火灾、暴雨。台风来临时容易引起电路短路造成火灾，所以要及时检查电路，同时要注意炉火、煤气，防范火灾。同时要做好防暴雨工作。

(4)转移安全地带。住在低洼地区和危房中的人员要及时转移到安全住所。

• **警惕高空物，关紧门窗少出门。**在台风来临时最好不要出门，以防发生被砸、被压、触电等不测。在室外行走时，需要提防广告牌坍塌、树木折断、不明飞行物的袭击。

• **突遇台风时远离危险。**尽量穿上雨衣，不要打伞；速往小屋或洞穴躲避，遇强风时，尽量趴在地面或往林木丛生处逃生，不可躲在枯树下。

• **台风过后不要急于出门。**台风过后不久，一定要在房子里或原先的藏身处待着不动。因为台风眼在上空掠过后，地面会风平浪静一段时间，但绝不能以为台风已经消失。

温馨提醒

关注台风的预报，主动避险很重要。
减少外出不打伞，远离高墙广告牌。
检查房屋牢固否，若是危旧应离开。
准备适量水食物，备好照明停电用。
煤气电路勤检查，灾后消毒很重要。

第二节　暴　雨

一、什么是暴雨

暴雨是指 1 小时内雨量大于等于 16 毫米，或 24 小时内雨量大于等于 50 毫米的雨。暴雨来临时，往往乌云密布，电闪雷鸣，狂风大作，短时内造成洼地积水，径流陡增，河水猛涨等现象，是一种危害较大的灾害性天气。产生暴雨的主要物理条件是充足的水汽、强盛的气流上升运动和不稳定的大气层结。暴雨的水平降水范围小则几千米,大则1000千米左右;暴雨的持续时间短则10～30分钟,长则12～72小时。

国家标准《降水量等级》(GB/T 28592—2012)对降雨量有着详细划分,把降雨分成微量降雨(零星小雨)、小雨、中雨、大雨、暴雨、大暴雨、特大暴雨7个等级,具体划分见表2-2。

表2-2 不同时段的降雨等级划分

等级	12小时降雨量(毫米)	24小时降雨量(毫米)
微量降雨	<0.1	<0.1
小雨	0.1～4.9	0.1～9.9
中雨	5.0～14.9	10.0～24.9
大雨	15.0～29.9	25.0～49.9
暴雨	30.0～69.9	50.0～99.9
大暴雨	70.0～139.9	100.0～249.9
特大暴雨	≥140.0	≥250.0

二、暴雨的危害

暴雨的主要危害有:导致江河湖泊水位暴涨,淹没农作物,冲毁农田,造成农作物减产或绝收;冲毁道路、桥梁、房屋、通信设施、水利设施,冲垮堤岸、堤坝,造成江河水库决口,酿成大灾;引起山洪暴发、山体滑坡和城市内涝,直接威胁人民生命财产安全;造成严重水土流失,影响生态环境。

(1)对人民生活的危害

暴雨引起的水灾,打乱了人们的正常生活节奏,给人民的生命财产安全带来了巨大的威胁,其威胁主要表现在以下几个方面。

①洪水淹溺和砸伤

发生洪水灾害时,人畜可能被泥沙掩埋,或呛入异物(泥沙、水草等)导致窒息,或吸入大量河水,致肺水肿、血液稀释、电解质紊乱,甚至可因心、肺、肾功能衰竭,引起缺氧、脑水肿等,导致死亡。洪水来临可导致大量建筑物倒塌,造成人员严重伤亡,尤其以颅脑外伤、脊柱脊髓损伤、骨折、出血、挤压伤、休克等为多见。

②疾病流行

洪涝水灾后人畜尸体腐烂、粪便外溢,水源污染严重,食物缺乏,衣被短缺,居住条件简陋拥挤,蚊蝇孳生,生活环境极差,灾民抗病能力普遍降低,易造成各种传染病流行,给灾区人民带来更大的危害。

呼吸道传染病 由于洪涝水灾时常常连降大雨,使气温骤降,灾民被洪水围困在某一高处等待营救,终日受风吹雨淋的寒气袭击,再加上缺衣少食,抵抗力下降,易患上呼吸道感染、流行性感冒及其他呼吸系统传染病,且极易流行。

消化道传染病 洪涝水灾极易引起水源严重污染,若饮用水来不及消毒,易引起消化道传染病的暴发流行。常见有细菌性痢疾、急性胃肠炎,甚至可发生伤寒和副伤寒疾病的流行。在灾后1个月左右可发生病毒性肝炎(如甲型肝炎)的流行。

虫媒传染病 洪涝水灾后长期积水,使蚊虫大量孳生繁殖,传播疾病,如流行性乙型脑炎、登革热、丝虫病等均可在灾后1个月内流行。

动物传染性疾病 如钩端螺旋体病、布氏杆菌病等在洪涝水灾时也有流行。

其他疾病 如食物中毒、脑炎、心肌炎、流行性出血热、毒蛇咬伤、浸渍性皮炎等。

③物质财富的损毁

洪水可以给城乡居民家庭或个人带来直接的物质财富的损毁,如房屋倒塌等,这是一种有形财产的损毁。同时,水灾造成大片的农田淹没,造成作物减产,实际上也造成了农民收入的减少。

不仅如此，农业歉收造成农副产品供应短缺，物价上涨，又使生活成本上涨。其直接后果是农民家庭经济状况的恶化或破产，无数人刚摆脱贫困，又再次陷入贫困，而对于本身贫困的人则更是雪上加霜。

(2)对社会经济的危害

任何大小水灾，都是以造成物质财富的损毁或人身伤害为标志的，从而必然破坏社会经济发展的正常运行，直接阻碍经济的发展。

①农业生产受到影响

水灾多发生在农区或山区，受灾最重的主要是农业。中华人民共和国成立以来，农业年均受灾面积1.3亿亩*，直接经济损失约占总损失的40%以上。如1998年洪水主要发生在我国两个主要农区——长江中下游平原和松嫩平原。这两个平原每年粮食产量大约占全国的4%，稻米生产占2/3，是我国主要的商品粮基地。据有关部门统计，农作物受灾面积超过3亿亩，其中成灾面积近2亿亩。有700多万亩耕地遭到不同程度的毁坏，和1996年全年洪涝绝收面积相近。特别是养殖业，受灾面积达到了660.19万亩，大量水产原种、良种受损，对我国养殖业造成了长远的影响，有的更是毁灭性的。

②交通和工业生产受到影响

洪水可冲毁一些交通要道，造成局部交通不畅，航道关闭等，也可给工业生产带来巨大危害。洪水可能给工业生产带来的损害一般包括：物资毁损、生产中断、市场丧失、人员伤亡和其他利益损失等。如1998年受洪灾冲击，使我国不少工矿企业停产、减产，使一些建设项目推迟或延期，导致国民财富损失2648亿元人民币，约占全年GDP(国内生产总值，下同)的0.5%～0.6%。

---

* 1亩≈666.7米^2，下同。

(3)对自然生态的危害

地球系统(即大范围的自然生态系统)中的一切组成要素无不受到气候状况的制约。因此,气象灾害对于自然生态系统的影响比地质灾害还要深刻。水灾本身属于气象灾害,水灾的发生,不但改变地表和大气的水文循环,而且造成各种生物的死亡。水灾与多种灾害同时发生,造成灾上加灾,如洪灾加滑坡、加泥石流等。

三、暴雨灾害的重大事件

我国历史上的洪涝灾害,几乎都是由暴雨引起的,如 1954 年 7 月长江流域大洪涝、1963 年 8 月河北的洪水、1975 年 8 月河南大洪灾、1998 年我国全流域特大洪涝灾害等。

1954 年长江出现百年来罕见的流域性特大洪水。该年汛期,雨季来得早、暴雨过程频繁、持续时间长、降雨强度大、覆盖面积广,长江干支流出现百年不遇的洪水,湖北、湖南、江西、安徽、江苏等多地受灾。湖南湘资沅澧四水暴涨,堤坝相继溃漫;江西鄱阳湖圩堤几乎全溃,7 月中旬九江市街道大部成为河流;江苏长江沿岸农田 1000 万亩受淹,南京超过警戒水位 117 天;安徽长江北岸段一片汪洋,受灾耕地 840 万亩。这次长江流域大洪涝,受灾人口 1800 多万,农田受淹 4755 万亩,损毁房间 427.6 万间,还使京广铁路中断行车近百天。

1963 年 8 月上旬,海河流域南部地区发生了一场历史上罕见特大暴雨。暴雨中心河北省邢台市内丘县獐么村 7 天降雨量达 2050 毫米,为我国内地 7 天累计雨量最大记录。这场暴雨强度大、范围广、持续时间长,海河南系大清、子牙、南运等河都暴发特大洪水。这场大暴雨从 8 月 2 日开始至 8 日结束,雨区主要分布在漳卫、子牙、大清河流域的太行山迎风山麓,呈南北向分布。此次降雨面积达 15.3 万千米^2,相应总降水量约 600 亿米^3,其中

90%以上的雨区在南系三条河流12.7万千米^{2}的流域之内。海河流域受灾农田达486万公顷，其中河北淹没农田357.3万公顷，受灾人口2200余万，房屋倒塌1265万间，约有1000万人失去住所，5030人死亡。5座中型水库、330座小型水库被冲垮，堤防决口2396处，滏阳河全长350公里全线漫溢，溃不成堤。京广铁路27天不能通车，6700千米公路被淹没。

1975年8月4—8日受台风影响，河南省西南部山区的驻马店、许昌、南阳等地区发生了我国内地罕见的特大暴雨，造成淮河上游洪汝河、沙颍河以及长江流域唐白河水系特大洪水，导致板桥、石漫滩两座大型水库垮坝，下游7个县遭到毁灭性灾害。洪汝河、沙颍河堤防决口2180处，漫决总长度810千米，洪水相互窜流，中下游平原最大积水面积达1.2万千米^2。河南省29个县市，1100万人口，113.3万公顷耕地遭受严重水灾，倒塌房屋56071间，淹死2.6万人，冲毁京广铁路102千米，中断行车18天，影响运输48天。遂平、西平、汝南、平舆、新蔡、漯河、临泉等城关进水，平地水深2～4米，直至8月底、9月初，积水才全部退至淮河干流。

1998年自进入汛期后，长江出现1954年以来又一次全流域洪水。这次洪水有五个特点：一是全流域性。长江中上游干支流相继发生大洪水，其中岷江、嘉陵江、清江洪水超过1954年。二是洪水发生早、来势猛。1—3月，湖南、湖北两地出现2次涨水过程，7月上旬，长江上游出现第一次洪峰，比常年提前半个月。三是洪水次数多、间隔短。8月7—17日的10天内，长江上游连续出现3次超过6万米^3/秒的洪峰。四是洪水量级大。上游80天来水量为2545亿米^3，比1954年(2448亿米^3)多97亿米^3。五是高水位持续时间长。从6月24日—9月25日，历时3个月，其中九江河段超过警戒水位长达94天。此次特大洪水共造成全国29个省、自治区、直辖市2.3亿人受到不同程度的影响，因灾死亡

3656 人，倒损房屋 211 万间，农作物受灾 2544 万公顷，绝收 614 万公顷，直接经济损失 2642 亿元。

四、防御暴雨的主要措施

（1）畅通水道防堵塞。在暴雨持续过程中，应确保各种水道畅通，防止垃圾、杂物堵塞水道，造成积水。

（2）修好屋顶防漏雨。暴雨来临前，乡镇居民应仔细检查房屋，尤其是注意及时抢修房顶，预防雨水淋坏家具或无处藏身，预防雨水冲灌使房屋垮塌、倾斜。

（3）关闭电源防伤人。暴雨来势凶猛，一旦家中进水，应当立即切断家用电器的电源，防止积水带电伤人。

（4）减少外出防意外。暴雨多发季节，注意随时收听、收看天气预报预警信息，合理安排生产活动和出行计划，雨天尽量减少外出。

（5）远离山体防不测。山区大暴雨有时会引发泥石流、滑坡等地质灾害，附近村民或行人应尽量远离危险山体，谨防危情发生。

应急要点

- **水中行，避井坑。**出行若遇到暴雨引起的大面积积水，特别是儿童、妇女、老人，要注意观察四周有关警示标志，注意路面，防止跌入窨井、地坑、沟渠等之中。
- **多观察，防触电。**暴雨袭来，猝不及防，切记远离电线、电器等设施，以防漏电导致伤亡。
- **遇积水，车绕行。**驾驶员行车过程中，如突遇暴雨，当心路面或立交桥下积水过深，尽量绕行，切莫强行通过。
- **砌土坎，防内涝。**为防止暴雨发生时雨水灌入室内，居民可因地制宜，采取放置挡水板、堆砌土坎或其他有效措施，将雨水挡在门外。

温馨提醒

山区暴雨来临时，防范山洪需留意。
暴雨时节少外出，办事旅游要警惕。
不在坡边多停留，危险山体要注意。
提防突发泥石流，更防山洪平地起。

第三节 暴 雪

一、什么是暴雪

暴雪是指24小时降雪量(融化成水)大于等于10毫米的降雪。长时间大量降雪造成大范围内积雪成灾的现象，就是雪灾。

国家标准《降水量等级》(GB/T 28592—2012)把降雪分为微量降雪(零星小雪)、小雪、中雪、大雪、暴雪、大暴雪、特大暴雪7个等级。具体划分见表2-3。

表2-3 不同时段的降雪量等级划分

等级	12小时降雪量(毫米)	24小时降雪量(毫米)
微量降雪(零星小雪)	<0.1	<0.1
小雪	0.1～0.9	0.1～2.4
中雪	1.0～2.9	2.5～4.9
大雪	3.0～5.9	5.0～9.9
暴雪	6.0～9.9	10.0～19.9
大暴雪	10.0～14.9	20.0～29.9
特大暴雪	≥15.0	≥30.0

二、暴雪的危害

暴雪造成的雪灾主要有三种情况：积雪、风吹雪和雪崩，它们都会对社会经济和人民生活造成危害。

(1)积雪的危害

积雪是一种常见的灾害，通常导致蔬菜大棚、房屋等被压垮，树枝、通信线路等被压断，交通运输、航空等都受到很大影响。降雪往往伴随大风降温，雪后气温骤降，仔猪等牲畜也容易因冻病死亡。另外，为消雪在道路上撒的盐、融雪剂等溶解之后进入土壤，会导致地下水质量变差、土质变硬。

(2)风吹雪的危害

大量的雪被强风卷起并随风运动，不能判定当时是否有降雪，水平能见度低，致使行人迷失方向，交通中断，牲畜群被吹散或吹伤。风吹雪对冬季道路交通和运营影响巨大，并有可能对生命、财产和社会生活造成灾难性后果。

(3)雪崩的危害

积雪较多的山区经常发生雪崩。雪崩能摧毁房舍、桥梁，使人窒息，把树木林立的山坡摧残得一片狼藉，甚至能堵截河流，发生临时性涨水。同时，它还能引起滑坡、山崩和泥石流等。

三、暴雪灾害的重大事件

1983 年 4 月 29 日，黑龙江省齐齐哈尔市和嫩江地区，遭受了一场百年不遇的特大暴风雪，积雪深度达 30～40 厘米，有些地段达 1 米以上，大部分地区风力达 10 级以上，气温下降到－3～－1 ℃，还出现了历史罕见的冰凌，冰凌直径平均 6～10 厘米，1 米导线重达 1.4～1.75 千克。由于风、雪、冰凌、强降温四种灾害的同时袭击，齐齐哈尔和嫩江地区遭到很大损失。全省死亡 37 人，仅冻死牛、马、羊等大牲畜就有 58000 多头(匹、只)，并导致停电、停水、停产，交通、通信中断。在这场灾害中，直接经济损失达1.62亿元。

1989年末—1990年初的隆冬季节，西藏那曲地区出现大面积降雪。积雪之深，面积之广，为有史以来所罕见，造成了大量人畜伤亡。加之大雪封路，救援物资难以及时运抵，致使灾害程度增加。据统计，此次雪害造成的损失超过4亿元人民币。

1995年2月中旬，藏北草原出现大面积强降雪，气温骤降，大范围地区的积雪在200毫米以上，个别地方厚1.3米。那曲地区60个乡13万余人和287万多头牲畜受灾，其中有906人、14.3万头牲畜被大雪围困，同时出现了冻伤人员、冻饿死牲畜等情况，灾情比1989年的特大雪灾还要严重。

1995年底—1996年初，青海玉树和四川甘孜遭受严重雪灾，有14个县93个乡571个村20万人次受灾，冻伤2.8万人，患雪盲症1.8万人，死亡牲畜70万头，直接经济损失5.7亿元。

1996年12月—1997年2月，新疆阿勒泰、伊犁、塔城等地遭到该地区近30年来最严重的雪灾，包括内蒙东北部和辽宁部分地区共有47个县(市、旗)因灾死亡34人，近400人受伤，10万头牲畜死亡，直接经济损失10.9亿元。

1999年底—2000年3月，新疆北部和东部积雪40～70厘米，27个县191万人受灾，成灾153万人，死亡12人，伤病4000余人，被困牧民1.93万户，8万人生活困难，倒塌房屋3320间，损毁毡房730座，危房2540栋，死亡牲畜8.75万头，受困180万头，损坏大棚850座，冻死果树13.6万株，直接经济损失4.18亿元。

2008年1月10日起，我国发生大范围低温、雨雪、冰冻等灾害。全国20多个省区市均不同程度受到低温、雨雪、冰冻灾害影响。受灾人口超过1亿，因灾死亡129人，失踪4人，紧急转移安置166万人；农作物受灾面积1.78亿亩，成灾8764万亩，绝收2536万亩；倒塌房屋48.5万间，损坏房屋168.6万间；因灾直接经济损失1516.5亿元人民币；森林受损面积近2.79亿亩，3万只国家重点保护野生动物在雪灾中冻死或冻伤。其中湖南、湖北、贵州、广西、江西、安徽、四川等7个省份受灾最为严重。暴风雪造成多处铁路、公路、民航交通中断。由于正逢春运期间，大量旅客滞留站场港埠。另外，电力受损、煤炭运输受阻，不少地区用电中断，通信、供水、取暖均受到不同程度影响，某些重灾区甚至面临断粮危险。

四、防御暴雪的主要措施

(1)巡查道路，及时修复。出现暴雪天气时，交通、铁路、电力、通信等部门要加强巡查，必要时关闭结冰道路，一旦发现道路、铁路或线路被雪损坏，要及时修复。

(2)出门在外，保暖防滑。面对暴雪天气，行人要注意防寒防滑，上路时选择防滑性能好的鞋，不宜穿高跟鞋或硬塑料底的鞋。驾车外出时，应采取必要的防滑措施，给车轮安装防滑链。

(3)暴雪肆虐，加固防护。暴雪来临前或肆虐过程中，对临时搭建物，应及时采取加固防护措施，避免被雪压垮甚至造成人员伤亡。

(4)作物防冻，备好粮草。对农作物要采取防冻措施，防止作物受冻害。农牧区要备好粮草，将野外牲畜赶到圈里喂养。

应急要点

• **气温骤降，防病跟上。**暴雪往往伴随气温降低，容易引起老弱病患者旧病复发，特别是气温骤降易使呼吸道、心血管等疾病加重，防病不可忽视。

• **除雪融雪，谨防结冰。**暴雪过后，及时清扫路面积雪，或在道路上撒盐、炭灰等融雪物质，防止路面结冰。

• **路面积雪，车辆缓行。**骑自行车外出，可适当给轮胎放气；驾车外出，尽量减速慢行，避免急转弯、急刹车，以防侧滑。

• **事故发生，速设标志。**暴雪天一旦发生交通事故，应当立即在出事地点附近设置醒目标志，避免事故再次发生。

• **停课停业，防寒防冻。**暴雪致使积雪过深或天气寒冷时，可通知学校停课，有关工矿生产单位停业（除特殊行业）。

温馨提醒

暴雪天气发生时，地面湿滑行路难。
事故频发少自驾，安全起见乘公交。

第四节 寒 潮

一、什么是寒潮

寒潮是我国重大的灾害性天气之一。高纬度地区的冷空气在特定天气形势下加强南下，造成大范围剧烈降温和大风、雨雪天气，这种来势凶猛的冷空气活动使降温幅度达到一定标准时，称为寒潮。寒潮来临，往往大风陡起、气压猛升、气温骤降，还常伴有风沙、降水等天气现象。

国家标准《寒潮等级》(GB/T 21987—2008)对我国单站寒潮强度等级、区域寒潮强度等级和全国寒潮强度等级做了详细的划分，具体见表2-4、2-5、2-6。

表 2-4　单站寒潮强度等级

等级	标准
寒潮	使某地的日最低(或日平均)气温 24 小时内降温幅度≥8 ℃,或 48 小时内降温幅度≥10 ℃,或 72 小时内降温幅度≥12 ℃,而且使该地日最低气温≤4 ℃的冷空气活动
强寒潮	使某地的日最低(或日平均)气温 24 小时内降温幅度≥10 ℃,或 48 小时内降温幅度≥12 ℃,或 72 小时内降温幅度≥14 ℃,而且使该地日最低气温≤2 ℃的冷空气活动
特强寒潮	使某地的日最低(或日平均)气温 24 小时内降温幅度≥12 ℃,或 48 小时内降温幅度≥14 ℃,或 72 小时内降温幅度≥16 ℃,而且使该地日最低气温≤0 ℃的冷空气活动

表 2-5　区域寒潮强度等级

区域	等级	标准
秦岭—淮河以北地区(北方)	区域寒潮	一次寒潮过程中,该区域内有≥40%的气象站满足寒潮标准
	区域强寒潮	一次寒潮过程中,该区域内有≥50%的气象站满足寒潮标准,其中满足强寒潮标准的≥40%
	区域特强寒潮	一次寒潮过程中,该区域内有≥60%的气象站满足寒潮标准,或有≥50%的气象站满足强寒潮标准,其中满足特强寒潮标准的≥30%
秦岭—淮河以南地区(南方)	区域寒潮	一次寒潮过程中,该区域内有≥30%的气象站满足寒潮标准
	区域强寒潮	一次寒潮过程中,该区域内有≥40%的气象站满足寒潮标准,其中满足强寒潮标准的≥30%,或满足特强寒潮标准的≥20%

表 2-6　全国寒潮强度等级

等级	标准
全国寒潮	一次寒潮过程中,全国范围内≥35%的气象站满足寒潮标准,其中南、北方满足寒潮标准的均≥20%
全国强寒潮	一次寒潮过程中,全国范围内≥45%的气象站满足寒潮标准,其中南、北方满足寒潮标准的均≥20%

二、寒潮的危害

寒潮来袭时，往往伴随着剧烈降温、大风、霜冻、暴雪等灾害性天气，它具有降温幅度大、影响范围广、致灾严重等特点，不仅会造成我国国民经济，特别是农林业、畜牧业生产的巨大损失，而且还会对人们的生活、健康造成严重的影响和危害。

寒潮伴随的大风、雨雪和降温天气会造成能见度低、地表结冰和路面积雪等现象，对公路、铁路交通和海上作业安全带来较大的威胁，严重影响人们的生产生活。另外，寒潮大风会造成房屋倒塌，农业设施损毁，树木和电线杆折断，影响供电和通信。寒潮对人体健康危害很大，大风降温天气容易引发感冒、气管炎、哮喘等疾病，有时还会使患者的病情加重。

三、寒潮灾害的重大事件

2010 年 12 月 14—16 日，受寒潮天气的影响，广西壮族自治区出现了大范围降水，气温明显下降，桂东北部分县出现小雪、雨夹雪和电线积冰。北部湾海面和沿海地区出现 8～9 级，阵风 10 级的偏北大风，湘桂铁路沿线出现了 5～6 级大风。17 日早晨广西出现了入冬以来首次大范围霜（冰）冻天气。广西气象减灾研究所对 HJ-1 卫星数据进行的冰雪遥感监测的结果显示，桂东北 11 个县的山区有明显冰雪覆盖，总面积达 1092 千米^2。冰雪覆盖区主要分布在越城岭八十里大南山、海洋山等海拔 950 米以上的地区。冰雪覆盖面积较大的县有全州、资源等。

2009 年 10 月 30 日—11 月 2 日，我国出现比较罕见的 10 月寒潮，这是 20 世纪 70 年代以来首次在 10 月份出现的寒潮天气过程。受寒潮天气的影响，北方地区出现明显的大风、降温和雨雪天气。强降温涉及到吉林、辽宁、河北、北京、天津、山西、宁夏、山东、河南、江苏和安徽 11 个省（区、市）。寒潮带来的雨雪天气涉及到吉林中东部、辽宁、河北、北京、天津、山东、河南、安徽、江苏等地。大风天气影响到北京、辽宁、河北、天津等地和我国沿海地区。北京和天津出现了1987年以来最早的一次初雪。总体来讲，受强降温和雨雪天气的影响，本次寒潮天气过程主要给北京、辽宁、吉林等省市的交通、城市园林、设施农业、露地农作物和人民生活带来了不利影响。但另一方面，雨雪天气也缓解了北京、辽宁、吉林等地的旱情。

2008年1月10日—2月2日，寒潮天气导致我国南方发生了50年一遇的大范围持续低温、雨雪冰冻的极端天气。此次寒潮对我国南方大部地区的交通、电力、能源、供水、农业、林业、渔业和群众生活带来极其严重的影响和损失。寒潮天气导致的冰雪灾害波及21个省，直接经济损失1500多亿元，因灾死亡107人。冻雨使贵州、湖南等省部分高压输电线路铁塔倒塌，高压电网大面积受损，造成湖南、广东、江西、贵州、四川、湖北、安徽等省大面积停电、停水十多天。

四、防御寒潮的主要措施

(1)政府准备，部门协作。政府及有关部门切实履行职责，做好防寒防冻应急准备。同时，各行各业根据自身需要，采取防寒防冻准备措施。

(2)添衣保暖，注意防寒。寒潮来临，重点照顾好老、弱、病人，及时添加衣物，保暖防冻；检查暖气设备、火炉、烟囱等，确保其可正常使用，以祛寒保暖。

(3)农业防寒，减少损失。关注降温信息，采取配套防寒措施，力保农作物、果树、林木、水产等免遭冻害。防寒防风，确保牲畜、家禽越冬安全。

(4)户外防风，确保安全。寒潮来临，及时通知高空等户外作业人员，停止作业，免遭不测。

应急要点

• **启动应急预案。**寒潮来临，由政府主导，部门协作，特别是交通、电力、卫生等部门，必要时启动应急预案，随时处置突发灾情。

• **添衣保暖防寒。**关注当地寒潮降温预报、预警信息，关好门窗，固紧室外搭建物。及时添加保暖衣物，尤其是对老、弱，病人，更要悉心照顾，劝其不要外出。外出要采取保暖防滑措施，当心路滑跌倒。司机要采取防滑措施，注意路况，听从指挥，慢速驾驶。

• **注意饮食要求。**寒潮降温期间，注意相关饮食要求，多喝水，少喝含咖啡因或酒精的饮料。

• **提防煤气中毒。**寒潮降温期间，提防煤气中毒，尤其是采用煤炉取暖的居民。

温馨提醒

寒潮降温幅度大，添衣加帽要跟上。
手指脚趾和耳垂，还有鼻梁露外头。
警惕冻伤重防护，失去知觉快就医。

第五节　大　风

一、什么是大风

风是指空气相对于地面的水平运动，风速是指空气水平运动的速度。当风速超过一定程度时，就会给人们的生产生活带来负面影响，造成危害。气象学上规定，瞬时风速达到或超过17.2米/秒的风为大风。产生大风的天气系统很多，如寒潮、飑线、气旋等。

国家标准《风力等级》(GB/T 28591—2012)把风力等级划分为18个等级，具体见表2-7。

表2-7 风力等级表

风力等级	海面状况 海浪高(米)		海岸船只征象	陆地地面物征象	相当于空旷平地上标准高度10米处的风速	
	一般	最高			米/秒	千米/时
0	—	—	静	静，烟直上	0～0.2	小于1
1	0.1	0.1	平常渔船略觉摇动	烟能表示风向，但风向标不能动	0.3～1.5	15
2	0.2	0.3	渔船张帆时，每小时可随风移行2～3千米	人面感觉有风，树叶微响，风向标能转动	1.6～3.3	6～11
3	0.6	1.0	渔船渐觉颠簸，每小时可随风移行5～6千米	树叶及微枝摇动不息，旌旗展开	3.4～5.4	12～19
4	1.0	1.5	渔船满帆时，可使船射倾向一侧	能吹起地面灰尘和纸张，树枝摇动	5.5～7.9	20～28
5	2.0	2.5	渔船缩帆(即收去帆的一部分)	有叶的小树摇摆，内陆的水面有小波	8.0～10.7	29～38
6	3.0	4.0	渔船加倍缩帆，捕鱼须注意风险	大树枝摇动，电线呼呼有声，举伞困难	10.8～13.8	39～49
7	4.0	5.5	渔船停泊港中，在海者下锚	全树摇动，迎风步行感觉不便	13.9～17.1	50～61
8	5.5	7.5	进港的渔船皆停留不出	微枝拆毁，人前行前感觉阻力甚大	17.2～20.7	62～74
9	7.0	10.0	汽船航行困难	建筑物有小损(烟囱顶部及平屋摇动)	20.8～24.4	75～88

续表

风力等级	海面状况		海岸船只征象	陆地地面物征象	相当于空矿平地上标准高度10米处的风速	
	海浪高(米)					
	一般	最高			米/秒	千米/时
10	9.0	12.5	汽船航行颇危险	陆上少见,见时可使树木拔起或使建筑物损坏严重	24.5～28.4	89～102
11	11.5	16.0	汽船遇之极危险	陆上很少见,有则必有广泛损坏	28.5～32.6	103～117
12	14.0	—	海浪滔天	陆上绝少见,摧毁力极大	32.7～36.9	118～133
13	—	—	—	—	37.0～41.4	134～149
14	—	—	—	—	41.5～46.1	150～166
15	—	—	—	—	46.2～50.9	167～183
16	—	—	—	—	51.0～56.0	184～201
17	—	—	—	—	56.1～61.2	202～220

二、大风的危害

大风的主要危害有:造成房倒屋塌、高大建筑物受损、树枝折断,由此造成人员伤亡,行进中的汽车、火车失控,甚至颠覆;刮断电线或电杆,甚至吹倒、损坏高压输电线路铁塔,造成大面积停电事故;致使农作物倒伏、折损、落果,吹毁塑料大棚;助长森林火灾和城市火灾发生发展。

三、大风灾害的重大事件

1995年11月7—8日,受西伯利亚南下较强冷空气的影响,华北南部、山东半岛及长江下游地区出现了5～6级、阵风达8～10级的偏北大风天气。山东省泰安、济宁、青岛、枣庄、临沂、潍坊、日照、德州和聊城等9市的40多个县(区、市)共计死亡35人,失踪121人,受伤320人;青岛、日照两市有19条渔船未归;有8万个蔬菜大棚和600多个冬暖式养鸡大棚被大风刮坏,38万只鸡被冻死;19万间民房受损,3700间房屋倒塌或被烧毁,倒折树木4.4万株;2100多条渔船受损;直接经济损失10亿元以上。江苏省太湖有10多条船沉没,32人落水,1人死亡;苏州市长江水域24条船沉没,7人失踪;上海市吴淞口一带长江水域有24艘船只搁浅抛锚,造成1人死亡、1人失踪。安徽省大风造成11人死亡,94人受伤;毁坏蔬菜大棚1300公顷,损失粮食80.7万千克、棉花1.5万千克;倒塌房屋1万余间,损坏房屋21.4万间;翻船140只;倒断树木9.9万株,倒断电力杆、通信杆4000根;直接经济损失达1.06亿元。

2003年4月8—9日,一次寒潮大风袭击了新疆吐鲁番地区,大风范围大、风力强,最大风力达10～11级,瞬时风力为12级,历经36个小时,给当地居民生活、工农业生产造成严重影响。据当时民政部门统计,受灾人口36000人,农作物受灾面积5.7万亩,大风还导致严重的水灾,直接经济损失为2700多万元。

2003年4月16日下午受强寒潮袭击,新疆百里风区风速达40～50米/秒,从二十里店到达坂城老镇15千米范围内大部汽车挡风玻璃被沙石打碎,312国道全部禁行,阿克苏机场和伊宁机场被关闭,乌鲁木齐所有到发列车全部停运。

2007年2月28日02时05分,从乌鲁木齐开往阿克苏的5806次旅客列车在此遭遇13级狂风袭击,11节车厢被吹翻,造成重大人员伤亡和线路中断。

四、防御大风的主要措施

(1)加强监测,准确预报。气象部门加强对大风的监测与预报,社会公众注意收听天气预报,提前做好大风防御。

(2)合理选种,及时抢收。在大风多发地区发展农业,尽量选择抗风、株矮的作物品种。同时，关注大风预报，对农作物及时抢收抢管。

(3)造防风林，减轻风害。通过大规模营造防风林，设置防风障，减轻风灾，防止土壤风蚀。

(4)加固外物，关闭门窗。大风来临前，提前将户外设施予以加固；及早关闭门窗，切断电源，关闭煤气、天然气阀门。

应急要点

• **横向逃离，防砸防压。**野外遭遇大风，以最快速度朝大风路线垂直的方向逃离；室外遭遇大风，远离大树、电线杆、简易房等，以免被砸、被压或触电。

• **无法逃离，速趴洼地。**人在野外来不及逃离，迅速寻找低洼地趴下，脸朝下，闭上嘴巴和眼睛，用双手、双臂抱住头部。

• **远离险地，进入“地下”。**混凝土建筑的地下室或半地下室是躲避大风最安全的地方；身处简易住房和楼顶都很危险，迅速离开。

• **躲进小房，远离外墙。**大风来时，躲到小房间内抱头蹲下；如果身在室内，避开门窗和房屋外墙。

温馨提醒

大风呼呼吹，尽量少外出。
若在野外行，躲避是首选。
寻找低洼地，包括地下室。
要么快趴下，要么等风止。
人在简易房，早撤早安全。

第六节 沙尘暴

一、什么是沙尘暴

沙尘天气是指强风从地面卷起大量尘沙，使空气浑浊、水平能见度明显下降的天气现象。气象上把沙尘天气分为浮尘、扬沙、沙尘暴、强沙尘暴和特强沙尘暴五类。只有当强风把足够的沙尘刮到天空，水平能见度小于1千米的时候，才称得上沙尘暴。沙尘暴是一种危害极大的灾害性天气。作为干旱半干旱地区特有的天气现象和风成地貌过程，沙尘暴在漫长的地质时期就一直存在。中国北方地区为中亚沙尘暴区的一部分，属沙尘暴的频发地区之一。

国家标准《沙尘暴天气等级》(GB/T 20480—2006)把沙尘暴分为三个等级，具体见表2-8。

表2-8 沙尘暴等级划分

等级	标准
沙尘暴	强风将地面沙尘吹起，使空气很混浊，水平能见度小于1千米
强沙尘暴	大风将地面沙尘吹起，使空气非常混浊，水平能见度小于500米
特强沙尘暴	狂风将地面沙尘吹起，使空气特别混浊，水平能见度小于50米

二、沙尘暴的危害

沙尘暴是一种危害极大的灾害性天气，其危害主要在以下几个方面：

(1)生态环境恶化。出现沙尘暴天气时狂风挟裹的沙石、浮尘到处弥漫，凡是经过地区空气混浊，呛鼻迷眼，空气质量非常差，往往达到中度污染。

(2)生产生活受影响。沙尘暴天气携带的大量沙尘蔽日遮光，天气阴沉，造成太阳辐射减少，几小时到十几个小时恶劣的能见度，容易使人心情沉闷，工作学习效率降低。沙尘暴可使大量牲畜患染呼吸道及肠胃疾病，严重时将导致大量“春乏”牲畜死亡，刮走农田沃土、种子和幼苗。沙尘暴还会使地表层土壤风蚀、沙漠化加剧。覆盖在植物叶面上厚厚的沙尘，会影响正常的光合作用，造成作物减产。

(3)造成生命财产损失。沙尘暴会危及人身安全，造成重大事故。如1993年5月5日，发生在甘肃省金昌、武威等地的特强沙尘暴天气造成直接经济损失达2.36亿元，死亡50人，重伤153人。

(4)影响交通安全。沙尘暴天气经常造成飞机不能正常起飞或降落，使汽车、火车车厢玻璃破损、停运或脱轨。

(5)危害人体健康。当人暴露于沙尘暴天气中，含有各种有毒化学物质、病菌等的尘土可进入到口、鼻、眼、耳中。这些含有大量有害物质的尘土若得不到及时清理，将对这些器官造成损害，或病菌以这些器官为侵入点，引发各种疾病。

三、沙尘暴灾害的重大事件

经统计，20世纪60年代特大沙尘暴在我国发生过8次，70年代发生过13次，80年代发生过14次，而90年代至今已发生过20多次，并且波及的范围越来越广，造成的损失越来越重。现将20世纪90年代以来我国出现的几次主要沙尘暴天气的有关情况介绍如下。

1993年5月5—6日历史上罕见的大风沙尘暴袭击了新疆东部、甘肃河西、宁夏大部及内蒙西部地区，波及18个地市和72个县。这次沙尘暴天气平均风力6～7级，瞬时最大风速12级，风沙形成的沙暴墙高300～400米，能见度有时不到100米，整个过程持续近16小时。这次大风、沙尘暴过后还相继出现了降温、霜冻。有110万千米^{2}成灾，37万公顷农作物受灾，1.6万公顷果园受害，12万头牲畜死亡，12万头失踪，85人死亡，31人失踪，264人受伤，直接经济损失达5亿元以上。

1998年4月5日，内蒙古的中西部、宁夏的西南部、甘肃的河西走廊一带遭受了强沙尘暴的袭击，影响范围非常广，波及北京、济南、南京、杭州等地。4月18日新疆哈密等地出现能见度为0的黑风暴天气，造成十多人失踪，20余起火灾，2万头牲畜走失。

2002年3月18—21日，沙尘暴波及18省(区、市)，为近年来强度最强、范围最广。20日中午，沙尘暴到达北京时，天空暗红如黄昏。21日，沙尘暴到达韩国汉城(今称首尔)上空，沙尘密度比平时大17倍，周围7个机场关闭，取消70多个航班，几千学校停课。

2010年4月24日，甘肃遭遇沙尘暴天气。敦煌、酒泉、张掖、民勤等13个地区出现沙尘暴、强沙尘暴和特强沙尘暴，其中民勤县在当天傍晚时分的能见度接近0米。资料显示，这次大风特强沙尘暴是民勤县有气象记录以来最强的一次。由于当地气象部门预报准确及时，灾害天气未造成民勤县人员伤亡，因强风引起的13处明火亦被及时扑灭。

四、防御沙尘暴的主要措施

(1)加强环境保护，依法保护和恢复林草植被，防止土地沙化进一步扩大，尽可能减少沙尘源地。

(2)不同地区应因地制宜，制定防灾、抗灾、救灾规划，积极推广各种减灾技术，并建设一批示范工程，以点带面逐步推广，进一步完善区域综合防御体系。

(3)建立四道防线阻击沙尘暴：第一，在北京北部的京津周边地区建立以植树造林为主的生态屏障；第二，在内蒙古浑善达克中西部地区建起以退耕还林为中心的生态恢复保护带；第三，在河套和黄沙地区建起以黄灌带和毛乌素沙地为中心的鄂尔多斯生态屏障；第四，尽快与蒙古人民共和国建立长期合作防治沙尘暴的计划框架，设置到蒙古的保护屏障。

应急要点

• **入室躲避不开窗。**沙尘暴来临，行人要迅速进入坚固房屋躲避。抵抗力弱的老人、儿童以及患有呼吸系统疾病的易感人群，应当尽量少出门或减少户外活动。在室内要将门窗紧闭，减少沙尘侵入。

• **行人在外加保护。**室外遇上沙尘暴，应该首先保护口鼻和头部，戴上口罩、护目风镜或用围巾、衣服围住口鼻。

• **行车走路要小心。**沙尘暴天气下，驾驶人员或行人上路时注意力应当格外集中，小心驾驶或行走，路过街上的广告牌和树木时，要快速通过。行车要将车窗紧闭，必要时开应急灯示警。

温馨提醒

行人在外护口鼻，开车注意车和人。
尽快入室莫停留，在家紧闭门和窗。

第七节 高 温

一、什么是高温

高温即气温高的天气现象，我国一般把日最高气温达到或超过 35 ℃时称为高温，持续数天(3 天以上)的高温天气过程称为高温热浪。一般来说，高温通常有两种情况，一种是气温高而湿度小的干热性高温，另一种是气温高、湿度大的闷热性高温，俗称桑拿天。

国家标准《高温热浪等级》(GB/T 29457—2012)以高温热浪指数(HI)为划分标准，把高温热浪分为三个等级，具体见表 2-9。

表 2-9 高温热浪等级划分

等级	指标	说明用语
轻度热浪(Ⅲ级)	$2.8 \leqslant HI < 6.5$	轻度(闷)热的天气过程，对公众健康和社会生产活动造成一定的影响
中度热浪(Ⅱ级)	$6.5 \leqslant HI < 10.5$	中度(闷)热的天气过程，对公众健康和社会生产活动造成较为严重的影响
重度热浪(Ⅰ级)	$HI \geqslant 10.5$	极度(闷)热的天气过程，对公众健康和社会生产活动造成严重不利的影响

二、高温的危害

高温危害分直接危害和间接危害，直接危害包括高温引起的人体不适、中暑甚至死亡，农作物发育受阻，自燃性火灾等，间接危害包括加剧老年人器官功能性衰竭甚至死亡，工作效率下降，农业干旱，重、特大火灾集中发生，拉闸限电，爆胎及车祸等。

高温天气严重影响人体健康。高温天气能够引发中暑以及心、脑血管疾病。高温闷热可导致人体血管扩张，血液黏稠度增加，易发生脑出血、脑梗死、心肌梗死等症状，严重的可导致死亡。在夏季闷热的天气里，由于人体代谢旺盛，能量消耗较大，身体适应能力减退，抵抗力下降，病菌、病毒就会乘虚而入，引起热伤风（夏季感冒）、腹泻和皮肤过敏等疾病。

三、高温灾害的重大事件

1997年夏季，受大陆副热带高压控制，北方大部地区持续酷热，北京市7月份气温偏高2～3 ℃，连续8天最高气温超过35 ℃，打破1841年以来的历史记录。当时空调一度脱销，患病人数急增，电网超负荷运行，7月15日创日用水量历史记录，达240万吨，达供水能力的极限。高温还使旱情加重。当年北方各大城市炎热天数也都普遍破历史记录，山东临清极端最高气温40.9 ℃。

2003年6月初—8月上旬，华南到华北南部出现高温，7月中旬江南北部、长江沿江出现高温，下旬扩大到黄淮、华北南部。浙江南部、福建北部、江西中部最高气温达40～43 ℃，福建、浙江、江西、湖北东南部、湖南东部、江苏南部、安徽南部、上海、广东北部、广西东部极端最高气温均超过历史同期。南方38 ℃以上高温日数为50年之最，丽水出现12天40 ℃以上高温，极端最高气温达43.2 ℃。福建、浙江、湖南、江西出现1971年以来最严重干旱。据民政部2003年7月30日的统计，全国受旱面积244.1万公顷，成灾114.8万公顷，绝收32.1万公顷，受灾人口513.3万人，有151万大牲畜饮水困难。浙江森林火灾平均每天发生一起。中暑者和空调病、心脑血管病患者骤增，一些老人和病人死亡，许多城市不得不限制用水用电，仅湖南、福建、浙江、江苏四省拉闸限电就达11万次以上。

2009年7月8—24日，长江中下游及其以南地区最高气温达到37～39 ℃，部分地区达到39 ℃。同时，这些地区高温日数普遍持续6～12天，其中江西中北部、湖南东北部、浙江北部等地持续12～15天。与常年同期相比，江汉东南部、江南中北部及重庆北部等地的高温日数偏多5～7天，其中湖南东北部、江西西北部部分地区的高温日数偏多7天以上。长江中下游区域平均高温日数为9天，较常年同期（4.7天）偏多近1倍，为1989年以来历史同期最多。受持续高温天气影响，长江中下游及其以南地区城市用电用水量大增。此外，持续高温天气导致江南、华南部分地区的早稻出现“逼熟”现象，灌浆提前终止。高温天气还对部分地区的单季稻孕穗及抽穗、棉花蕾铃发育产生不利影响，造成空壳率增加。

2010年6月，向来凉爽的东北大部分地区出现反常高温天气，黑龙江、吉林平均高温日数均为历史同期最多。6月23—29日，黑龙江呼玛（40.5℃）、漠河（39.3℃）、加格达奇（39.7℃）、伊春（38.2℃），内蒙古额尔古纳（39℃）、图里河（37.9℃），吉林松原（38.1℃）等32站日最高气温均突破历史极值。由于温高雨少，黑龙江、内蒙古大兴安岭林区发生多起森林火灾。

四、防御高温的主要措施

（1）午后少动。高温期间尽量不要加班，保证有充分的休息时间。室外劳动者应避开炎热时段，午后尽量减少户外活动。凡45岁以上或身体状况不良人员，不应参与在高温烈日下劳动强度大、危险性高的工作。

（2）关爱老幼。对老、弱、病、幼人群提供防暑降温指导，并采取必要的防护措施。

（3）户外防护。高温条件下作业和白天需要长时间进行户外露天作业的人员应当采取必要的防护措施。

（4）注意防火。有关部门和单位应当注意防范因用电量过高，以及电线、变压器等电力负载过大而引发的火灾。

(5)改善环境。若条件允许,应安装空调、电扇,以改善室内闷热环境。但不要长时间待在空调房内,以防止产生头疼、头昏等所谓的空调病。电扇不能直接对着身体的某一部位(尤其是头部)长时间吹,以防身体受寒。

应急要点

• **外出戴帽穿浅衣。**外出时,应戴上防晒草帽,穿浅色、白色、宽敞易散热的衣服。

• **防暑药品要常备。**准备一些清凉药品,如清凉油、人丹、薄荷油、十滴水等,以备急需。

• **注意饮食和锻炼。**高温天气宜吃咸食,多饮凉茶、绿豆汤等,以补充人体因出汗而失去的水分和盐分。浑身大汗时,不宜立即用冷水洗澡,以防寒气侵入肌肤而患病。应先擦干汗水,稍事休息后再用温水洗澡。日常可适当进行体育锻炼,以增强人体的耐热功能,提高适应高温环境的能力。

温馨提醒

饮食清淡,睡眠充足。
着衣宽松,外出遮阳。
防暑药品,有备无患。

第八节　干　旱

一、什么是干旱

气象上的干旱是指某时段内,由于蒸发量和降水量的收支不平衡，水分支出大于水分收入而造成的水分短缺现象，通常以降水的短缺作为指标。干旱按照发生的时期，可分为春旱、夏旱、秋旱、冬旱、季节连旱（春夏连旱、夏秋连旱、秋冬连旱、春夏秋连旱等）、全年大旱、连年大旱。

国家标准《气象干旱等级》（GB/T 20481—2006）根据综合气象干旱指数（CI）把干旱分为若干等级，见表2-10。

表2-10 综合气象干旱等级

等级	类型	CI值	干旱对生态环境影响程度
1	无旱	$CI>-0.6$	降水正常或较常年偏多，地表湿润，无旱象
2	轻旱	$-1.2<CI\leqslant-0.6$	降水较常年偏少，地表空气干燥，土壤出现水分轻度不足
3	中旱	$-1.8<CI\leqslant-1.2$	降水持续较常年偏少，土壤表面干燥，土壤出现水分不足，地表植物叶片白天有萎蔫现象
4	重旱	$-2.4<CI\leqslant-1.8$	土壤出现水分持续严重不足，土壤出现较厚的干土层，植物萎蔫、叶片干枯，果实脱落；对农作物和生态环境造成较严重影响，工业生产、人畜饮水产生一定影响
5	特旱	$CI\leqslant-2.4$	土壤出现水分长时间严重不足，地表植物干枯、死亡；对农作物和生态环境造成严重影响，对工业生产、人畜饮水产生较大影响

二、干旱的危害

干旱会造成农业歉收，甚至绝收，导致城乡居民缺水，人畜饮水困难，致使火灾频发，烧毁财物。干旱还会引起生态环境恶化，加重境内水体污染程度，或因水质严重污染引起疫病流行，因灰尘弥漫引起空气质量下降。

(1)对农业的危害

干旱是影响农业生产最大的气象灾害。农作物在播种、扬花、长苗、结实等需水关键时节缺水，正常的生长发育会受到影响，从而导致作物种植面积减少，作物产量下降，造成粮食短缺。此外，干旱灾害对畜、牧、渔业也构成严重危害。干旱还会诱发、加剧其他灾害的发生和发展，从而进一步加重旱灾对农业的危害。

(2)对工业生产的危害

干旱对工业生产的影响，主要表现在两个方面：一是干旱导致工业用水短缺，水力发电不足而影响工业生产；二是农业与工业争能源、水源。旱期土壤极度缺水，为保证作物正常生长发育，灌溉水大量增加，由此使旱期农业耗水大幅度提高，加剧了干旱对工业的影响。

(3)旱灾时期可能暴发各类疫情

旱灾地区水资源不足，饮用水缺乏，个人卫生难以保持，导致霍乱、痢疾及甲型肝炎等疾病易于传播。湖沼地区干涸而成的低地适于鼠类生存、繁殖，野生鼠类也可能因食物减少进入房舍，这些都利于汉坦病毒的传播。另河川断流形成大量水洼，也利于病媒蚊滋长，传播疟疾。

三、干旱灾害的重大事件

1978—1983 年，我国北方连续大旱。1978 年，全国干旱，受灾 4020 万公顷，成灾 1793 万公顷；1979 年，秋冬干旱范围大；1980 年夏季，华北、东北大部和西北部分地区出现较严重伏旱，全国受旱 2613 万公顷，成灾 1247 万公顷；1981 年春季，北方冬小麦区雨水少 5～7 成，缺水人数达 2297 万人，秋季雨水少 4～9 成，全国受旱 2567 万公顷，成灾 1213 万公顷；1982 年，全国受旱 2073 万公顷，成灾 1000 万公顷；1983 年，全国受旱 1607 万公顷，成灾 960 万公顷。

2000 年，我国出现全国性干旱。尤其是长江以北地区

2—7 月的春夏大旱，受害范围广，持续时间长，旱情严重，华北、西北东部旱期长达半年之久。受旱面积高达 4054 万公顷，为建国以来之最，其中绝收 800 万公顷，因旱灾损失粮食近 600 亿千克，经济作物损失 510 亿元，其影响超过了 1959—1961 年的旱灾。

2001 年是 1949 年以来的第三个大旱年，仅次于 1978 年和 2000 年。受旱面积波及 22 个省（区、市），以内蒙古、辽宁、黑龙江、山西、四川最为严重，受灾 3800 万公顷，成灾 2370 万公顷，绝收 640 万公顷。有 3700 万人、2300 万头牲畜饮水困难，直接经济损失近千亿元，全国粮食单产比常年下降 5%。

四、防御干旱的主要措施

（1）节约用水，减少浪费。加强节水宣传，增强公众节水意识；倡导循环水利用，避免水资源浪费；大力推广喷灌、滴灌等节水灌溉方法，节省农业用水成本。

（2）修建集雨窖等水利设施。平整土地，减少径流，深耕改土提高蓄水能力。

（3）科学安排农业结构。选用抗旱品种，采取种子包衣、保湿药剂拌种等措施。

（4）减小径流，深耕改土。多使用农家肥，改善土壤结构，提高土壤蓄水能力，减少土壤风化、板结、盐碱化，增强抗旱能力。

（5）抗旱播种。要适时抢墒播种、保墒播种（覆膜）、找墒播种、造墒播种。

（6）人工增雨，缓解旱情。气象部门充分利用自身科技优势，适时开展人工增雨作业，为有效缓解旱情发挥作用。

应急要点

• **应急救灾，明确职责。**有关部门和单位认真履行职责，切实做好防御干旱的应急和救灾工作。

• **生活用水，优先保障。**有关部门及时启用应急备用水源，调度辖区一切可用水源，优先保障城乡居民生活用水和牲畜饮水。

• **合理调度，限排污水。**压减城镇工业供水指标，优先经济作物灌溉用水；限制农业灌溉大量用水、非生产性高耗用水及服务行业大量用水；限制工业污水排放，确保水环境清洁。

温馨提醒

节约至上，珍惜每一滴水。

预防疾病，保重身体安康。

第九节　雷　电

一、什么是雷电

雷电是同时伴有闪电和雷鸣的一种自然现象。闪电有两种分类，一种是按表现形状分，一种是按空间位置分。按表现形状可分为线状闪电、带状闪电、片状闪电、连珠状闪电和球状闪电。其中线状闪电最常见，对其的研究也最多，防雷主要针对这种闪电。按空间位置可分为云内闪电、云际闪电、云空闪电和云地闪电。云地闪电发生在云和大地之间，简称地闪，对人类的影响最大。前两种闪电合称为云闪，与人类的关系也越来越密切，特别是20世纪后,随着科学技术的发展,云闪不仅对航天、航空有危害,其产生的雷电电磁脉冲对通信和微电子技术设备都会产生影响。

通常雷击有三种主要形式。其一是带电的云层与大地上某一点之间发生迅猛的放电现象,叫作直击雷。其二是带电云层由于静电感应或电磁感应作用,产生高电压以致发生闪击的现象,叫作二次雷或感应雷。其三是球形雷,对于球形雷现代科学还没有十分合理的解释,它可以通过窗缝、烟道等进入室内,击中屋内人或物件,也可能顺原径返回到室外。

二、雷电的危害

由于雷电释放的能量巨大,再加上强烈的冲击波、剧变的静电场和强烈的电磁辐射,常常造成人畜伤亡,建筑物损毁、引发火灾以及造成电力、通信和计算机系统的瘫痪事故,给国民经济和人民生命财产带来巨大的损失。在20世纪末联合国组织的国际减灾十年活动中,雷电灾害被列为最严重的十大自然灾害之一。

(1)雷电对国民经济的危害

在工业化以前,雷电对人类的危害主要是人畜伤亡、损坏建筑和引起火灾。工业化以后,随着电力和通信事业的发展,庞大的电力和通信网络成为雷击的主要侵袭对象,防雷成为电力和通信系统正常运行必须解决的问题。

(2)雷电对人体的危害

雷电流通过人体时,由于出入位置不同,人体当时所呈现的状态不同,流经各种组织的导电特性不同,其选择的通道及作用效果也不尽相同。雷电流通过人体造成伤害主要有如下四种情况:

一是雷电流通过人体内脏或大脑。雷电流通过人体内脏时,会出现血管痉挛、心搏停止等现象,严重时会出现心室纤维性颤动，使心脏供血功能发生障碍或心脏停止跳动。雷电流伤害大脑神经中枢时，会使受害者停止呼吸。这两种情况是雷击致死的主要方式。

二是雷电流通过全身，但没有伤及内脏。这种情况不一定导致死亡，但全身各部位，尤其是有钥匙、腰带等金属物的部位会留下严重的电灼伤，若抢救及时，就可能挽救生命。

三是雷电流泄放入地时，在附近地表面形成跨步电压，造成电流在人的两腿之间形成通路，这种情况也不一定导致死亡，但会在腿部、大腿内侧等部位留下电灼伤的痕迹，这也是为什么我们在遇到雷雨时双腿并拢的原因。

四是人体各部位没有电流通过，但是受到了强大的电场力的作用。我们知道雷击时会在局地产生强大的瞬变电场，而带有电荷的人体在其中就像处于电场中的带一定电量的电荷，会受到电场力的作用，这种作用瞬间会把人击倒，而不带电的人体则不会受到电场力的作用，这种状况一般不会造成人员直接伤亡。

三、雷电灾害的重大事件

1989 年 8 月 12 日，山东青岛黄岛油库因雷击造成特大火灾爆炸事故，火灾共持续 104 小时，死亡 19 人，烧毁油罐 5 座。占地 250 亩的老灌区和生产区被全部烧毁，直接经济损失 3540 万元。

2007 年 5 月 23 日，重庆市开县突然降雷雨，雷声震耳欲聋。发生雷击时，兴业村小学学生正在教室上课，雷击电流击中二年级和四年级教室，导致数名小学生死伤。

2008 年 6 月 28 日，晋中市灵石县资金煤矿因雷电击中高压电源，造成高压系统和低压电源上后续的大量电气、电子设备遭雷击损坏，使全矿的用电、通讯、监控以及生产信息指挥系统全部瘫痪，直接经济损失在 100 万元以上。

四、防御雷电的主要措施

(1)关闭门窗,远离金属。在室内要提前关好门窗,尽量远离门窗、阳台和外墙,不接触煤气管道、铁丝网、金属门窗等金属物品。

(2)切断电源,慎用电器。及时切断家用电器的电源,拔掉电源插头,不使用带有外接天线或信号线的收音机、电脑、电视等电器,远离带电设备。

(3)莫用座机,慎用手机。在雷电天气发生过程中,不接听或拨打固定电话,不要在窗边或在空旷地带使用手机。

(4)忌用喷头,勿打赤脚。在雷电天气条件下,不要使用淋浴洗澡,尤其忌用太阳能热水器。另外,不要赤脚站立在泥地或水泥地上。

应急要点

• **避雷场所慎选择。**遇到雷雨天气,慎重选择避雷场所,尽可能进入安装有防雷设施的建筑物或车内,不要靠近防雷装置。

• **防范姿势要正确。**若找不到合适的避雷场所,应找一块地势低的地方,尽量降低重心和减少人体与地面的接触面积,可蹲下,双脚并拢,手放膝上,身向前屈,千万不要躺在地上。遇到高压电线遭雷击而落地时,不要靠近,迅速以双脚并拢、蹦跳前进的方式逃离。多人一起在野外活动,彼此之间保持几米距离。

• **披衣穿鞋有讲究。**若遇雷雨天气,披衣穿鞋不可随意,最好选用不透水的雨衣和具有绝缘功能的胶鞋。

• **金属用品妥处置。**人在雷雨天行走或活动,切记摘下身上佩戴的金属饰品(如手链、项链等),丢下正在使用的金属物品(如铁锹、镰刀等)。

• **被雷击中要抢救。**若不幸发生雷击事件,施救者要及时报警求救,同时为伤者做人工呼吸和体外心脏按摩。

金属物体不要碰，摩托单车不骑行。

球杆锄头不高举，旷野雨伞不要撑。

手机电话不能打，电杆孤树不靠近。

山巅楼顶不要上，水渚船边不留停。

草垛柴堆不能靠，孤棚独亭不要进。

第十节　冰　雹

一、什么是冰雹

冰雹是从发展强盛的积雨云中降落到地面的坚硬的球状、锥状或形状不规则的固态降水，其直径一般大于 5 毫米，小如豆粒，大若鸡蛋、拳头。冰雹一般出现在对流活动较强的夏秋季节，降雹区常呈带状，宽约几十米到几千米，长约几十千米。它是一种以砸伤、砸毁为主的气象灾害。

国家标准《冰雹等级》(GB/T 27957—2011)以冰雹直径(D)为划分标准，把冰雹分为 4 个等级，具体见表 2-11。

表 2-11　冰雹等级

等级	冰雹直径
小冰雹	$D<5$ 毫米
中冰雹	5 毫米$\leqslant D<$20 毫米
大冰雹	20 毫米$\leqslant D<$50 毫米
特大冰雹	$D\geqslant$50 毫米

二、冰雹的危害

冰雹主要威胁人畜安全，严重雹灾甚至会造成人畜伤亡。冰雹能砸毁大片农作物、果树，影响农业生产，致使农业品产量下降，影响粮食、水果等的品质优良率。冰雹还会损坏建筑物，砸断通信线路，妨碍交通运输，致使交通中断。

三、冰雹灾害的重大事件

1987 年 3 月 6—9 日，江苏、上海、安徽、浙江、湖北、江西等省(市)75 个县降雹，受灾农田 34 万多公顷，毁房 8 万多间，伤 730 余人，死亡 19 人。该年全国共出现 2000 多次雹灾，累计受灾面积 7600 万亩，毁坏房屋 108 万间，死亡 400 人，伤上万人，直接经济损失超过 11 亿元。

1989 年 4 月 19—21 日，四川盆地南部连遭 2 次冰雹，受灾 90 多个县，内江市 6 个乡 60%的房顶被掀。风雹使 113 万多公顷农田受灾，倒塌、损坏房屋 17 万多间，伤 6000 多人，死亡 150 多人。

1993 年 5 月 24—28 日，长江中下游以北地区出现大范围的雷雨大风和冰雹天气，小麦倒伏 13 万公顷，油菜倒伏 113 万公顷，棉花 0.5 万公顷绝收，砸死禽畜 30 万头，沉船 26 艘、损坏 80 余艘，死亡 42 人，伤 1000 余人，失踪 200 多人，直接经济损失 8 亿元。

1997 年 5 月上旬，贵州息峰等地因风雹、洪涝、滑坡等灾害死亡 46 人，伤病 2302 人，倒塌房屋 3369 间，损坏房屋 7.8 万间，农田受灾 17.4 万公顷，绝收 5 万公顷，直接经济损失 4.8 亿元。

四、防御冰雹的主要措施

(1)及时躲避，谨防砸伤。冰雹来临前或降雹过程中，户外从事生产活动的人员或行人要迅速逃离作业场所或露天之下，躲进安全地带，避免被冰雹砸伤。

（2）牲畜财物，妥善保护。冰雹来临前，及时将家禽、牲畜驱赶到有顶棚遮蔽的安全场所。及时将在露天停放的汽车或其他财物加以妥善保护，使其免遭冰雹损坏。

（3）采取人工防雹措施。气象部门应根据天气条件，适时开展人工防雹作业。

应急要点

• **预警信号听仔细。**注意收听当地气象部门发布的天气预报预警，密切关注冰雹预警信息以及可能受其影响地区。

• **躲进避所最安全。**冰雹来势凶猛，最紧要的是迅速逃离露天场所，就近寻找牢固建筑物或其他安全地带，及时躲避。若来不及躲避，应设法寻找遮盖物，如大石头下面，保护好头部。

• **搭建雹棚护财物。**对于放置在户外的或来不及转移的财物，可采取临时应急办法实施保护，如搭设防雹棚或防雹罩等，使之免受其害。

温馨提醒

冰雹从天降，护头最要紧。
身处危房中，撤离需趁早。
雹来伴风雨，防范更留心。

第十一节　霜　冻

一、什么是霜冻

霜冻是指在作物生长季节里，由于日最低气温下降使植株茎、叶温度下降到 0 ℃以下，使正在生长发育的作物受到冻伤，从而导致减产、品质下降或绝收的现象。根据霜冻发生的季节，可分为春季霜冻、秋季霜冻和冬季霜冻。每年秋季第一次出现的霜冻叫初霜冻，次年春季最后一次出现的霜冻叫终霜冻。根据霜冻发生的天气条件，可分为平流型霜冻，辐射型霜冻和平流—辐射型霜冻（或称混合霜冻）。

气象行业标准《作物霜冻害等级》(QX/T 88—2008)把作物霜冻害分为 3 个等级，具体见表 2-12。

表 2-12　霜冻害等级

等级	标准
轻霜冻	气温下降比较明显，日最低气温比较低；植株顶部、叶尖或少部分叶片受冻，部分受冻部位可以恢复；受害株率应小于 30%；粮食作物减产幅度应在 5%以内
中霜冻	气温下降很明显，日最低气温很低；植株上半部叶片大部分受冻，且不能恢复；幼苗部分被冻死；受害株率应在 30%～70%；粮食作物减产幅度应在 5%～15%
重霜冻	气温下降特别明显，日最低气温特别低；植株冠层大部分叶片受冻死亡或作物幼苗大部分被冻死；受害株率应大于 70%；粮食作物减产幅度应在 15%以上

二、霜冻的危害

霜冻是我国的主要农业气象灾害之一，对农业生产和国民经济造成的损失比较严重。

霜冻的主要危害有:造成粮食作物严重减产,致使田间正在生长的春季蔬菜植株表面结霜而受到损害;严重威胁苹果、梨和桃等果树正常生长,其出现越晚,对果树危害越大。

我国地域辽阔,气候类型复杂多变,霜冻在我国各地都有可能发生,影响范围十分广泛。北方地区气温偏低,遭受霜冻危害的概率较大,如黑龙江、吉林、内蒙古东部、辽宁西部、山西北部山区和河北北部山区,经常遭受初霜冻的危害。西部地区的陕西北部、甘肃、宁夏、新疆与青海等地霜冻的危害也比较严重,黄淮平原、关中平原和晋南地区经常发生春季霜冻害,长江中下游地区也常常发生霜冻,主要危害经济作物。南岭以南地区,冬季仍有许多喜温作物和常绿果树生长,也经常发生霜冻灾害。

三、霜冻灾害的重大事件

1991 年 12 月—1992 年 1 月,严寒天气形成的冻害使南方大部地区冬作物及果树受冻,江西中部雪后出现破记录的－15 ℃的低温,使经营数百年的柑橘园毁于一旦。四川、广西、广东等省 27 万公顷小麦,8 万公顷油菜,7 万公顷果树和竹林受冻,1000 余头耕牛被冻死,部分农作物遭冻害,其中黑龙江省受灾严重,有近 40 万公顷作物遭受不同程度的冷害和冻害。

1999 年 12 月下旬—2000 年 1 月,广东、广西、云南发生严重冻害,其中广西为 1975 年以来最严重,受灾人口 1200 多万,伤病 4709 人。受灾农田 133 万公顷,成灾 46.8 万公顷,绝收 28.7 万公顷,冻死大牲畜 1406 头。直接经济损失达 110 亿元,尤其是糖业受灾面积占 79%,减产 80 万吨。广东有 28 个县近 1000 万人受灾,9857 人伤病,死亡牲畜 8000 头,受灾农田 115.1 万公顷,成灾 83.7 万公顷,绝收 25.3 万公顷,直接经济损失 101.6 亿元,其中农业占 72.1 亿元。云南有 42 个县 412 万人口受灾,成灾 293

万人，受灾农田 33.4 万公顷，成灾 13.5 万公顷，绝收 4.3 万公顷，直接经济损失 6.5 亿元。

2006 年 9 月，中国东北、华北及西北部分地区出现不同程度霜冻，本应在 9 月中下旬才出现的初霜冻在上旬就提前现身，致使玉米等秋粮作物灌浆停止甚至死亡，仅内蒙古自治区兴安盟就有 260 万亩农作物受灾。

四、防御霜冻的主要措施

(1)加强霜冻预报预警能力建设，提高霜冻预报预警准确率，为防治霜冻工作争取时间。

(2)采取熏烟、灌水、遮盖、施肥等措施，预防霜冻危害。

(3)选用耐寒性强、生长期适宜的作物品种，掌握适宜播种期，避开初、终霜冻。

(4)实行保护地栽培，发展设施农业，提高防霜冻能力。

(5)在现代化农业示范区进行人工防霜、防冻技术试验。

应急要点

• **遇霜冻，早洗霜。**农作物万一遭受霜冻，可在太阳出来以前，对其浇水或喷洒清水洗霜，减轻其霜冻危害程度。

• **受冻后，巧追肥。**当受冻作物基本恢复后，针对不同种类，及时追施不同肥料，提高植株活力，减轻冻害。

温馨提醒

静风无云时，霜冻最易生。
尤其晴朗夜，防冻需及时。
听清预报早预防，掌握规律心不慌。
知晓农谚巧应对，农业生产保丰收。

第十二节 大 雾

一、什么是大雾

雾是指近地层空气中悬浮有大量细微水滴或冰晶，空气相对湿度接近100%，使人的视野模糊不清，水平能见度降到1000米以下时的天气现象。国家标准《雾的预报等级》（GB/T 27964—2011）以V表示能见度，把雾分为5个等级，具体见表2-13。

表2-13 雾的预报等级

等级	能见度
轻雾	1000米≤V<10000米
大雾	500米≤V<1000米
浓雾	200米≤V<500米
强浓雾	50米≤V<200米
特强浓雾	V<50米

二、大雾的危害

大雾的主要危害有：影响水、陆、空交通正常运行；能见度降低，引发交通安全事故；引起电力传输系统雾闪，致使大面积停电事故频发；危害人体健康，特别是随着全球气候变暖、空气污染加重，其危害日益加剧。

（1）对水陆空交通的危害

大雾会使空气的能见度降低，视野模糊不清，很容易引发交通事故、空难和海难。在公路上出现大雾，不仅会造成交通阻塞，甚至会发生汽车追尾事故。大雾对航空的影响更大，会导致飞机不能按时起飞或降落，甚至造成飞机失事。在江河湖海上出现大雾，可影响船只正点出航或晚点，甚至因看不见信号灯、航标或其他航行的船只，造成船只相撞、触礁事故。

(2)对电力的危害

大雾还会使电线受到“污染”，引起输电线路短路、跳闸、掉闸等故障，造成电网大面积断电，这种现象在电力部门叫作雾闪。雾闪可以很快使电力机车停运、工厂停产、市民生活断电。

(3)对健康的危害

人类在工业生产活动中排放的粉尘、二氧化硫、烟粒以及汽车尾气等污染物成为雾的凝结核，使空气中的有害物质比没有大雾的天气里要高出几十倍。特别是受工业污染较重的区域，人们在这种有害烟雾中活动，健康势必受到影响。

(4)对农业的危害

雾对农业生产也有不利影响。长时间的大雾会遮蔽日光，妨碍作物的呼吸，使作物对碳水化合物的储量减少。多雾的地区，日光照射时间不足，会使作物延迟开花，生长不良，从而影响产品的质量和产量。

三、大雾灾害的重大事件

1990 年 2 月 10—21 日，华北地区出现历史上罕见的大雾天气。2 月 11 日石家庄地区大雾高达 1000 米，能见度不及 40 米。雾气造成输变电设备绝缘性能急剧下降，华北电网发生大面积污染灾害。其间京津唐电网因雾害造成故障的输电线路为 51 条，掉闸 147 次，使北京、天津等城市用电一度处于危急状态，北京有 200 家工业大户限电停产 2 天。

1997 年 12 月 17 日，因出现大雾，在我国京津塘高速公路北京路段，连续发生两起 40 余辆汽车追尾事故，造成 9 人死亡，34 人受伤。

2000年6月22日,四川省合江县"榕建号"客船由于严重超载,冒雾航行和违章操作,倾覆长江,130人死亡。

1996年6月21日,哈尔滨飞龙航空公司经营的Y-12型3822号飞机在飞行中遇雾,从浓雾中钻出时飞行过低,撞在山上,在大连长海县大长山岛失事。当时机上有乘客9人,机组成员3人,副驾驶员当场死亡,机长送医院后死亡,其余8人重伤,2人轻伤。

四、防御大雾的主要措施

(1)做好应急准备,加强交通管理。有关部门和单位切实履行职责,全面做好防雾准备工作,对机场、高速公路等场所加强交通管理。

(2)雾天慎驾驶,外出需小心。驾驶人员雾天驾车行进中,必须打开防雾灯,密切关注路况,严格控制车速,保持适当车距。

(3)雾天避免出行,外出做好防护。浓雾时,尽量不要外出,必须外出时,要戴上口罩,防止吸入有毒气体。行人穿越马路,要注意交通安全,做到一停、二看、三通过。

应急要点

• **加强交通管制。**有关单位根据行业规定,适时采取交通安全管制措施,如机场暂停起飞,高速公路暂时封闭等。

• **确保安全行驶。**驾驶人员根据雾天行驶规定,采取正确的行驶方式,选择安全区域停放车辆。

• **密切监视雾闪。**电力部门按照行业规定,及时排除雾闪隐患,密切监视可能发生的电网雾闪事件。

雾中驾车行，打开防雾灯。
车速控制好，安全回到家。
雾天多污染，晨练宜取消。
老人和小孩，出门戴口罩。

第十三节　霾

一、什么是霾

霾是指大量极细微的干尘粒等均匀地浮游在空中，使水平能见度小于10千米的空气普遍混浊的现象。霾使远处光亮物体微带黄、红色，使黑暗物微带蓝色。霾的形成与污染物的排放密切相关，城市中机动车尾气以及其他烟尘排放源排出粒径在微米级的细小颗粒物停留在大气中，当逆温、静风等不利于扩散的天气条件出现时，就容易形成霾。据研究，长江中下游、华北和华南三个地区的霾出现较多。

气象行业标准《霾的观测和预报等级》(QX/T 113—2010)以能见度(V)为划分标准，把霾分为4个等级，具体见表2-14。

表2-14　霾的预报等级

等级	划分标准
轻微	5.0千米≤V<10.0千米
轻度	3.0千米≤V<5.0千米
中度	2.0千米≤V<3.0千米
重度	V<2.0千米

二、霾的危害

(1)对身体健康的危害

霾中有害的气溶胶粒子能直接进入并黏附在人体上、下呼吸道和肺叶上,引起鼻炎、支气管炎等疾病。另外,霾使近地层紫外线减弱,可导致空气中的传染病菌活性增强、传染病增多,小儿佝偻病高发。

(2)对心理健康的危害

阴沉的霾容易让人产生悲观情绪,如不及时调节,很容易情绪失控。

(3)对交通安全的危害

出现霾时,室外能见度低,污染持续,易引起交通阻塞,导致事故频发。

三、霾灾害的重大事件

2003 年 10 月 28 日—11 月 2 日,珠江三角洲地区出现了历史上从未有过的重度霾天气,广州市的能见度一度不足 200 米,其严重程度前所未有。这次霾天气过程从 10 月 27 日开始,而自 10 月 20 日始,广州市的平均污染指数就达到轻微污染水平,指数一直维持在 100 附近,长达 10 天。10 月 30 日,污染指数开始明显上升,至 11 月 2 日达到 303,创造了广州市有空气质量监测数据以来的最高值。

四、防御霾的主要措施

(1)少外出,少开窗。有霾的天气,尽量减少户外活动,特别是患呼吸道疾病的人最好不外出。若有事外出,要戴上口罩。居民在家时,要少开窗,避免霾中烟雾、灰尘等进入室内。

(2)慎驾驶,减排放。在重度霾天气条件下,能见度低,驾车、骑车和步行都应多加小心，特别是通过交叉路口或无人看管的铁道口时，要减速慢行，遵守交通规则。有关工矿企业应当严格遵守相关规定，减少污染物排放。

应急要点

• **外出归来要清洁。** 外出回家后，要及时洗脸、漱口、清理鼻腔，以防止霾中有害粒子对人体造成危害。

• **锻炼身体有讲究。** 锻炼时间最好选择上午到傍晚前空气质量较好、能见度较高的时段进行，地点以树多草多的地方为好，并适度减少运动量与运动强度。

温馨提醒

霾天气，视线差。
污染重，慎外出。
人在家，少开窗。
若出行，戴口罩。

第十四节　道路结冰

一、什么是道路结冰

道路结冰指路面上因地表温度低于 0 ℃出现的积雪或结冰现象，多出现在秋冬季，通常包括冻结的残雪、凸凹的冰辙、雪融水或其他原因造成的道路积水在寒冷季节形成的坚硬冰层。

在我国北方地区，尤其是东北地区和内蒙古北部地区，常常出现道路结冰现象。在我国南方地区，降雪一般为“湿雪”，往往属于 0～4 ℃的混合态水，一到夜间气温下降，就会凝固成冰块。

二、道路结冰的危害

道路结冰的主要危害有：

(1)致使车轮与路面摩擦作用大大减弱，导致车辆打滑或刹车失灵，引起交通事故。

(2)阻塞交通，如在临近春节时发生，会严重影响春运。

(3)为出行带来不便，造成行人滑倒、摔伤。

三、道路结冰灾害的重大事件

2014 年 1 月 15 日，昆明市禄劝县马鹿塘乡上龙厂村处发生了一起严重交通事故，导致 12 人死亡。后经现场勘查，系车辆因道路结冰侧滑、坠入 80 余米的山下所致。

2014 年 2 月 18 日，安徽大部地区出现降雪，降雪导致 49 个市、县出现积雪，61 个市、县出现道路结冰。积雪和结冰造成了济广高速公路 8 车追尾事故，安徽省内多条高速公路临时封闭，高铁列车晚点，出港航班全部延误。

四、防御道路结冰的主要措施

(1)履行职责，主动应对。交通、公安等部门要做好应对准备工作，注意指挥和疏导行驶车辆；相关应急处置部门随时准备启动应急方案，必要时，关闭结冰道路交通。

(2)驾车出行，听从指挥。驾驶员驾车出行，应当采取必要的防滑措施，听从指挥，注意路况，保持适当车距，慢速行驶；上路前，给自行车、三轮车的轮胎放少量气，增加轮胎与路面的摩擦力。

(3)行人出门,注意防滑。行人尽量不要外出,特别是尽量少骑自行车。行人上路时,应当选择防滑性能较好的鞋,不宜穿高跟鞋或硬塑料底鞋,当心路滑跌倒。要注意远离或避让机动车和非机动车辆。

应急要点

• **路面积雪,及时清扫。**清晨发现路面积雪,应及时清雪,或在道路上撒上融雪剂。

• **发生事故,设置标志。**因道路结冰引起交通事故,应当在事发现场设置明显标志,以防事故再次发生。

• **驾车行驶,减速慢行。**驾车行驶,应当减速慢行,避免急转弯和急刹车。

温馨提醒

老弱病残幼,尽量不外出。
万一要出门,当心路面滑。
人穿防滑鞋,车拴防滑链。

第三章　乡镇主要气象次生灾害及其防御

第一节　泥石流

一、什么是泥石流

泥石流是山区沟谷中，由暴雨、冰雪融水等水源激发的，含有大量泥沙、石块的特殊洪流，具有突然性以及流速快、流量大、物质容量大和破坏力强等特点。在我国，泥石流的暴发主要是受连续降雨、暴雨、特大暴雨的激发，因此，泥石流发生的时间规律是与集中降雨的时间规律相一致，具有明显的季节性，一般发生在多雨的夏秋季节。

二、泥石流的危害

(1)泥石流最常见的危害是冲进乡村、城镇，摧毁房屋、工厂、企事业单位及其他场所设施，淹没人畜、毁坏土地，甚至造成村毁人亡的灾难。

(2)泥石流可直接埋没车站、铁路、公路，摧毁路基、桥涵等设施，致使交通中断，还可引起正在行驶的火车、汽车颠覆，造成重大的人身伤亡事故。有时泥石流汇入河道，引起河道大幅度变迁，间接毁坏公路、铁路及其他构筑物，甚至迫使道路改线，造成巨大的经济损失。

(3)泥石流可冲毁水电站、引水渠道及过沟建筑物,淤埋水电站尾水渠,并淤积水库、磨蚀坝面等。

(4)泥石流可摧毁矿山及开采设施,淤埋矿山坑道、伤害矿山人员、造成停工停产,甚至使矿山报废。

三、防御泥石流的主要措施

(1)选择良好的居住地,建造抗灾度高的房子。选择居住地时,尽量考虑预防泥石流灾害的威胁。若居住环境受限,应在查明泥石流沟谷及其危害状况的情况下,再建造房屋,尽量避开泥石流可能造成直接危害的地区与地段。

(2)修建一些预防泥石流的工程设施,如护坡、挡墙、顺坝、丁坝等工程,起到防护、排导、拦挡及跨越等作用,保护危害对象免遭破坏。

(3)在泥石流多发季节,尽量不要到泥石流多发山区旅游。在野外游玩时,不要在山坡下或山谷沟底扎营。

(4)沿山谷行走时,一旦遭遇大雨,要迅速转移到安全的高地,不要在谷底过多停留。注意观察周围环境,特别留意是否听到远处山谷传来打雷般声响,如听到要高度警惕,这很可能是泥石流将至的征兆。

(5)发现泥石流来袭,千万不要顺泥石流的方向往上游或下游跑,而应选择与其垂直的方向逃离。

(6)有些泥石流具有阵流性,在其阵流间隙,有时会被误认为泥石流结束。因此,只有确认泥石流不会发生或泥石流已全部结束时才能解除警报,不可麻痹大意。

第二节 崩 塌

一、什么是崩塌

崩塌是指山体的突出部分和巨岩在重力作用下突然脱离母体崩落、滚动堆积在坡脚的现象。崩塌发生前一般会有一些前兆，如崩塌体后部出现裂缝，崩塌体前缘掉块、土体滚落、小崩小塌不断发生，坡面出现新的破裂变形，岩质崩塌体偶尔发生撕裂摩擦错碎声等。

二、崩塌的危害

崩塌会使建筑物，有时甚至使整个居民点遭到毁坏，掩埋公路和铁路。由崩塌带来的损失，不单是建筑物毁坏的直接损失，并且常因此而使交通中断，给运输带来重大损失。

崩塌有时还会使河流堵塞形成堰塞湖，这样就会将上游建筑物及农田淹没，在宽河谷中，由于崩塌能使河流改道及改变河流性质，而造成急湍地段。

三、防御崩塌的主要措施

(1)防御以避为主，通过调查、规划，在崩塌影响范围内，居民应迁移搬走，铁路、公路、渠道等基础设施应绕道改线。

(2)清除危岩。对局部裂隙大、分割面明显的岩土，人工或小爆破清除。

(3)雨季不要在沟谷中长时间停留，一旦听到上游传来异常声响，应迅速向两岸上坡方向逃离。雨季穿越沟谷时，先要仔细观察，确认安全后再快速通过。

(4)发生崩塌时,不要顺坡跑,而应向两侧逃离;不要停留在沟谷中坡度大、土层厚的低洼处或躲在滚石、乱石堆后。及时报警或报告当地政府,通知临近的村民尽快撤离。

第三节 滑 坡

一、什么是滑坡

滑坡是指斜坡上的土体或岩体由于某种原因在重力作用下沿坡内软弱面或软弱带整体向下滑动的现象。

二、滑坡的危害

滑坡对乡村最主要的危害是摧毁农田、房舍、伤害人畜,毁坏森林、道路以及农业机械设施和水利水电设施等,有时甚至给乡村造成毁灭性灾害。发生在城镇的滑坡常常砸埋房屋,摧毁工厂、学校、机关单位等,并毁坏各种设施,造成停电、停水、停工,有时甚至毁灭整个城镇。发生在工矿区的滑坡,可摧毁矿山设施,造成职工伤亡,毁坏厂房,使矿山停工停产,常常造成重大损失。

三、防御滑坡的主要措施

(1)当正处在滑坡体上,感到地面有变动时,要环顾四周,立即离开,并向安全地段转移。一般除遭遇到高速滑坡外,只要行动迅速,都有可能跑离危险区段。跑离时,向两侧跑为最佳方向,向上或向下跑都是很危险的。

(2)当遇无法跑离的高速滑坡时,更不能慌乱,在一定条件下,如滑坡呈整体滑动时,原地不动,或抱住大树等物,不失为一种有效的自救措施。

(3)当处于非滑坡区，而发现可疑的滑坡活动时，应立即报告邻近的村、乡、县等有关政府或单位。

第四节　低温冷害

一、什么是低温冷害

低温冷害是指在作物生长发育期内出现了低于作物正常发育的低温天气，从而使作物生长发育和产量形成受到严重影响，导致较大幅度减产的一种灾害。低温冷害主要可分为春季低温冷害、夏季低温冷害和秋季低温冷害

二、低温冷害的危害

(1)春季低温冷害可导致早稻烂秧，花生、棉花等烂种。

(2)夏季低温冷害可使作物生育期延迟，导致大幅度减产。

(3)秋季低温冷害主要影响晚稻产量，也可造成大白菜包心不足及小麦分蘖减少。

三、防御低温冷害主要措施

(1)培育或引进耐寒、早熟、高产品种，不可盲目引进晚熟和中熟品种。采取相应的农业技术措施，如早播种、早育苗及育苗移栽、地膜覆盖、增加施肥、加强田间管理等。

(2)掌握当地天气、气温变化规律，合理安排作物品种布局，如玉米、大豆间作，充分利用光能。

(3)改善和利用小气候生态环境，增强作物抵御低温的能力。选择通过局地地形削弱空气入侵次数和降温强度的相对较暖环境。还可采用地膜覆盖、以水增温和喷洒化学保湿剂等措施。

第五节　森林火灾

一、什么是森林火灾

森林的可燃物在有利燃烧的条件下，接触人为火源或自然火源后，就能燃烧、蔓延，对森林造成不同程度的危害，这就是森林火灾。

二、森林火灾的危害

(1)森林火灾不仅能烧死许多树木，降低林木密度，破坏森林结构，同时还能引起树种演替，即低价值的树木、灌丛、杂草代替高价值树木，降低森林利用价值。

(2)造成林地裸露，失去森林涵养水源和保持水土的作用，可引起干旱、山洪、泥石流、滑坡、沙尘暴等其他灾害发生。

(3)被火烧伤的林木，生长衰退，为森林病虫害的滋生和传播提供了有利环境，加速了林木的死亡。森林火灾发生后，对导致森林环境发生急剧变化，使森林生态系统受到干扰，失去平衡，这往往需要几十年或上百年才能得到恢复。

(4)森林火灾能烧毁林区各种生产设施和建筑物，威胁森林附近的乡镇，危及林区人民生命财产的安全，同时森林火灾能烧死并驱走珍贵的禽兽。森林火灾发生时还会产生大量烟雾，污染空气。此外，扑救森林火灾要消耗大量的人力、物力和财力，影响工农业生产，甚至造成人身伤亡。

三、防御森林火灾的主要措施

(1)在防火期内出现高温、干旱、大风等高火险天气时，政府或林业部门可以划定防火戒严区，规定防火戒严期。

(2)在防火期内要禁止野外用火。

(3)在高火险等级期间，有关部门要密切监视，做好防火准备。

(4)有条件的部门和单位适时开展人工降雨(雪)作业，降低火险等级。

第六节　空气污染

一、什么是空气污染

由于人类活动和自然过程引起某些污染物进入大气，使原本比较洁净的空气受到污染，从而影响人类的生存环境，危害人们的健康，这种现象就称为空气污染。气象条件与空气污染关系密切：风较大时，有利于污染的稀释扩散，但风过大时，也会生产沙尘天气；有雷雨时，有利于清除和冲刷空气中的污染物；有雾时，不利于空气污染物的扩散。

二、空气污染的危害

(1)空气污染会对人体产生危害，主要表现为呼吸道疾病与生理机能障碍。空气中污染物浓度很高时，会造成急性污染中毒。

(2)当空气中污染物浓度高时，会对植物产生急性危害，使植物叶表面产生伤斑，或者直接使叶枯萎脱落；当污染物浓度不高时，会对植物产生慢性危害，影响植物的生理机能。

(3)空气污染使空气变得浑浊，到达地面的太阳辐射量减少，在这种环境下生存，可导致人和动植物因缺乏阳光而生长发育不好。

(4)空气中的污染物二氧化硫经过氧化后随降水下落会形成酸雨,酸雨能破坏森林,腐蚀纺织、皮革制品,还能使金属的防锈涂料变质而降低保护作用。

三、防御空气污染的主要措施

(1)老人、儿童及患有呼吸系统疾病的易感人群尽量少在户外活动,外出时最好戴上口罩。

(2)户外锻炼最好选择上午到傍晚前空气质量相对较好、能见度较高的时段进行,地点以树多草多的地方为好;适度减少运动量和运动强度。

(3)少到人多、空气流通差的地方。

(4)提倡绿色出行,如多走路,多骑自行车,少开车,减少汽车尾气排放。

(5)建议使用天然气或煤气代替烧煤。

第四章　乡镇气象灾害避险常识

第一节　气象灾害避险要做哪些准备

(1)增强心理素质。要镇静，不要恐惧、紧张、惊慌，更不要对外来救助失去信心。

(2)准备防灾物品。需要准备的救灾物品主要有饮用水、食品、常用药物、雨伞、手电筒、收音机、手机、绳索、御寒用品及其他生活必需品。

(3)购买意外伤害保险、财产保险等，以减少人们生命财产的损失。

第二节　气象灾害预警信号共有多少种

根据《中华人民共和国气象法》，2007 年 6 月 12 日中国气象局发布第 16 号令《气象灾害预警信号发布与传播方法》，规定发布预警信号的气象灾害分为台风、暴雨、暴雪、寒潮、大风、沙尘暴、高温、干旱、雷电、冰雹、霜冻、大雾、霾、道路结冰十四类(具体见附录一)。预警信号的级别依据气象灾害可能造成的危害程度、紧急程度和发展态势一般划分为四级：Ⅳ级(一般)、Ⅲ级(较重)、Ⅱ级(严重)、Ⅰ级(特别严重)，依次用蓝色、黄色、橙色和红色表示，同时以中英文标识。当同时出现或预报可能出现多种气象灾害时，可按照相对应的标准同时发布多种预警信号。

第三节 怎样获得气象灾害预报预警信息

（1）主动拨打电话“12121”或向当地气象台咨询或通过电视、报刊、广播等手段获得预警信息。

（2）通过观看预警信号显示装置，如电子显示屏、警示牌、警示旗等来获得预警信息。

（3）登录当地气象局门户网站，获得预警信息。

第四节 紧急求救的方法有哪些

（1）拨打报警电话。遇到气象灾害危及生命安全或其他紧急情况时，可拨打“110”“119”或“120”求救。需要注意的是，这几个报警电话，只有遇到紧急情况时才可拨打，切记平时不要随意拨打。

（2）施放求救信号。在无法使用手机的时候，可以利用物件及时发出易被察觉的求救信号。主要求救信号有以下几种：

光信号 白天用镜子借助阳光，向求救方向，如空中的救援飞机，反射间断的光信号；夜晚用手电筒，向求救方向不间断地发射求救信号。

声响信号 采取大声喊叫、吹响哨子或敲击脸盆等方法，向周围发出声响求救信号。

“SOS”字母信号 在山坡上用石头、树枝或衣服等物品堆砌成“SOS”或其他求救字样，字母越大越好。“SOS”为国际通用求救信号。

烟火信号 在白天，可燃烧潮湿的植物，形成浓烟。在夜间，燃烧干柴，发出火焰，但要注意安全，避免发生火灾。

颜色求救信号 穿着颜色鲜艳的衣服，戴一顶颜色鲜艳的帽子，或者摇动色彩鲜艳的物品，如彩旗、用色彩鲜艳的布包裹的棒子等，向周围发出求救信号。

第五节　乡镇气象灾害的现场急救措施

一、中暑

(1)将中暑者从高温环境下抬到阴凉处，敞开衣服，对其进行头部冷敷或冷水擦身。

(2)让中暑者喝些淡盐水或清凉饮料，可服用“仁丹”或“十滴水”。

(3)对呼吸困难者及时进行人工呼吸，并马上送医院。

二、雷击烧伤

(1)如果遭受雷击者衣服着火，可往伤者身上泼水，或者用厚外衣、毯子把伤者裹住以扑灭火焰。

(2)施救者要注意观察遭受雷击伤者有无意识丧失和呼吸、心搏骤停的现象。对呼吸心跳停止者，先做人工呼吸，再处理烧伤部位。

(3)对烧伤部位，先用冷水冷却伤处，然后盖上敷料，用清洁的布包扎。

(4)要及时转送医院治疗。

三、雷击“假死”

(1)被雷击中的伤者心脏突然停跳、呼吸突然停止，出现假死现象时，要立即组织现场抢救。

(2)将伤者平放在地上，进行人工呼吸，并要做心脏按压。同时立即呼叫急救中心，由专业人员对受伤者进行有效的处置和抢救。

(3)取出伤者口内异物，清除分泌物，保持气管通畅。

(4)一人对伤者施行心肺复苏时，每做30次心脏按压后，再做2次人工呼吸，如此反复交替进行。

四、溺水

(1)如果不慎落水，应保持镇静，尽快寻找、抓住一件漂浮物，以便不沉入水中。

(2)在落水现场，岸上的人要大声呼救，寻求帮助，同时呼叫“120”。注意不会游泳的人员不可强行下水救人，可用救生圈、竹竿等在岸上援助落水者。

(3)将溺水者救上岸后，将其平放地上，并立即清除其口鼻内的淤泥、杂草等污物。

(4)抱起溺水者的腰腹部，使其脚朝上、头朝下进行倒水。

(5)如溺水者呼吸停止，应立即对其进行人工呼吸。

五、窒息

(1)立即清除伤者口、鼻、咽喉内的泥土及痰、血等。

(2)若伤者昏迷，应将其平放在地上，对其进行人工呼吸。

(3)如有外伤，应采取止血、包扎、固定等方法处理。

(4)在完成上述处理后马上转送急救站或附近医院。

六、煤气中毒

(1)尽快让中毒者离开中毒环境，并立即打开门窗，通风换气。

(2)让中毒者安静休息，避免过多活动，以免加重心、肺负担及增加氧的消耗量。

(3)对昏迷不醒的严重中毒者,应及时进行人工呼吸。若中毒者嘴里有异物,应先取出。

(4)争取尽早对中毒者进行高压氧舱治疗,以减少后遗症。

(5)需要注意的是,在炉边放盆清水是不能预防煤气中毒的,关键是安装风斗,检查烟囱管道是否畅通。

七、尘土入眼

(1)如果尘土不慎进入眼中,千万不要使劲揉眼睛。如果靠自己眼泪无法将尘土冲出,应立即请他人帮助。

(2)救助者先用肥皂和清水洗手,然后检查伤者的眼睛。

(3)翻转上眼皮,用消毒棉签或干净手帕叠出一个棱角,轻轻拭出异物,并及时点几滴抗生素眼药水,以预防感染。

(4)如果尘土仍没有除去,可用杯、瓶等容器将温水倒入睁开的眼睛,冲走异物。

(5)如果上述方法仍未奏效,不要再尝试处理,用干净的纱布、手帕等轻轻盖住受伤的眼睛。

(6)尽快拨打“120”求救电话。在运送途中,最好保持仰卧,如条件允许,应使用担架。

八、骨折

(1)不慎骨折时,应立即呼叫急救中心,争取尽快将伤者送往医院急救。同时做简单处置,嘱咐伤者不要乱动。

(2)若伤者心跳、呼吸停止,应立即实施人工呼吸,并注意伤员的保暖,不要过多移动伤员。

(3)如果有出血现象,应立即包扎止血,注意尽量用比较干净的布包扎伤口。

(4)迅速使用夹板固定患处。固定材料可就地取材,树枝、木棍、木板等都可作为夹板之用。

(5)骨折处经妥善固定后,应立即将伤者送往医院。

九、外伤出血

(1)若毛细血管出血,通常用碘酊或酒精消毒伤口周围皮肤后,在伤口上盖上消毒纱布或干净布块,扎紧即可。

(2)若静脉出血,用消毒纱布或干净布块做成软垫放在伤口上,再加压包扎即可。抬高患肢可减少出血。

(3)若动脉出血,一般采用间接指压止血法,即在出血动脉的近端,用拇指和其余手指压在骨面上,予以止血。这种方法简单易行,但因手指容易疲劳,不能持久,所以只能是一种临时急救止血手段,必须立即送往医院,换用其他方法止血。

十、冻伤

(1)迅速使伤者离开低温现场和冰冻物体,移至室内。

(2)如果伤者的身体与衣服冻在一起,应先用温水融化,再脱去衣服,切记不要用热水。

(3)保持冻伤部位清洁,外涂冻伤膏。不要用热水泡或用火烤冻伤部位。

(4)为伤者加盖衣物、毛毯等,使伤者尽快恢复体温。

(5)如果冻伤严重,应尽快将伤者送往医院治疗。

第五章　乡镇气象灾害防御管理制度

第一节　风险评估制度

风险评估是对面临的气象灾害威胁、防御中存在的弱点、气象灾害造成的影响以及三者综合作用而带来风险的可能性进行评估。作为气象防灾减灾管理的基础，风险评估制度是确定灾害防御安全需求的一个重要途径。

气象灾害风险评估的主要任务包括：识别和确定面临的气象灾害风险，评估风险的强度和概率以及其可能带来的负面影响及影响程度，确定受影响地区承受风险的能力，确定风险消减和控制的优先程度与等级，提出降低和消减风险的相关对策。

第二节　部门联动制度

部门联动制度是乡镇防灾减灾体系的重要组成部分，应加快减灾管理行政体系的完善，出台明确的部门联动相关规定与制度，提高各部门联动的执行意识和积极性。针对气象灾害、安全事故、公共卫生、社会治安等公共安全问题的划分，进一步系统完善政府与各部门在减灾工作中的职能与责权的划分，做到分工协作，整体提高，强化信息与资源共享，加强联动处置，完善防灾减灾综合管理能力。同时,各部门应加强突发公共事件预警信息发布平台的应用。

第三节　应急准备认证制度

减少气象灾害风险最好的办法是根据气象预报警报及时、科学、有效地进行撤离、躲避和防御。要真正降低气象灾害风险,不仅应提高气象灾害的监测预报准确率和气象服务保障水平,更要在平时加强气象灾害的应急准备工作,提高基层单位的主动防御能力,从而将乡镇气象灾害应急防御提高到一个新的水平。

乡镇气象灾害应急准备工作认证是对乡镇气象防灾减灾基础设施和组织体系进行评定,以此促进气象灾害应急准备工作的落实,提高气象灾害预警信息的接收、分发、应用能力和气象灾害的监测、报告、应对能力,从而确保重大气象灾害发生时能够有效保护人民群众的生命财产安全。应急准备工作认证的实施细则在第六章有详细介绍。

第四节　灾害报告制度

目前气象设施对气象灾害的监测能力虽然有了显著增强,但仍然存在许多监测的缝隙,需要建立目击报告制度,从而使气象部门对正在发生或已经发生的气象灾害和灾情有即时详细的了解,为进一步的监测预警打下基础,从而提高气象灾害的防御能力。各气象协理员、气象信息员应当承担灾害性天气和气象灾害信息的收集与上报,并协助气象等部门的工作人员进行灾害的调查、评估与鉴定。及时将辖区内发生的气象灾害及其他突发公共事件上报。鼓励社会公众向气象部门第一时间上报目击信息，对目击报告人员给予一定的奖励。

第五节　气候可行性论证制度

为避免或减轻规划和建设项目实施后可能受气象灾害、气候变化及其可能对局地气候产生的影响，依据国家《气候可行性论证管理办法》，建立气候可行性论证制度，开展规划与建设项目气候适宜性、风险性以及可能对局地气候产生影响的评估，编制气候可行性论证报告，并将气候可行性论证报告纳入规划或建设项目可行性研究报告的审查内容。

第六章 乡镇气象灾害应急准备工作认证

乡镇气象灾害应急准备工作认证是对乡镇气象防灾减灾基础设施和组织体系的评定，以促进乡镇气象灾害应急准备工作的落实，提高乡镇气象灾害预警信息的接收、分发、应用能力和气象灾害的监测、报告、应对能力，从而确保重大气象灾害发生时能够有效保护人民生命财产安全。

各乡镇政府气象灾害应急准备工作的评估、认证由当地应急办和气象局共同负责。科学有效的乡镇气象灾害应急准备体系具体包括：建立气象灾害警报点或气象工作站，有分管气象灾害防御工作的负责人及气象协理员，制定气象灾害应急处置预案，拥有可实时监测当地天气状况的监测设施，能通过多种渠道保证接受并及时传播分发气象局的灾害性天气预警，有面向公众的气象灾害防御培训计划，并开展气象灾害防御知识宣传和培训活动。

2008年，浙江省德清县政府出台了全国首个《气象灾害应急准备工作认证管理办法》。随后，德清县经济开发区管委会向德清县气象局提交了一份特殊的申请，这是全国第一份气象灾害应急准备工作认证申请。随后，这项推进气象灾害应急准备规范化、社会化的举措——气象灾害应急准备认证管理工作便在全国各地全面展开。中国气象局已经发布了气象灾害应急准备认证乡镇建设规范，但由于此认证管理工作的实施细则皆由各地自行制定、发布，没有全国统一版本，所以本章以最具代表性的德清县为例做以介绍。

第一节 认证对象

德清县气象灾害应急准备工作认证制度的实施对象为各乡镇(开发区)、企事业单位、行业、个体等。

(1)各乡镇人民政府、开发区管委会应当申报气象灾害应急准备工作认证。

(2)鼓励大中型企业、学校、车站、医院、重要公共场所等气象灾害防御重点单位申报认证。

(3)各企事业单位、行业、个体实行自愿申报。

第二节 认证条件

一、乡镇认证条件

(1)有满足"有职能、有人员、有场所、有装备、有考核"的"五有"标准的乡镇气象工作站，在气象灾害影响期间有可以24小时值班且通信畅通的工作场所。

(2)有气象灾害防御工作的领导，乡镇有1名及1名以上的气象协理员，每个行政村有一名或以上的气象信息员。

(3)有乡镇气象灾害应急处置预案，每年组织不少于1次的演练；有安全的避难场所，可在重大气象灾害发生时安置转移人员。

(4)有可实时监测当地天气状况的气象自动站及其他监测设施，并能向县气象部门进行数据传输和收集，上报气象灾情。

(5)有渠道或设备能够接收县气象灾害预警信息，如气象预警电子屏、乡镇直通系统、气象网站、手机短信、声讯电话、广播、电视等,能与县气象灾害预警中心视频会商系统保持通信畅通。

(6)有及时传播分发气象灾害预警信息的渠道和设施,如公众显示屏、乡村广播站、网络等。

(7)有面向公众的气象灾害防御培训计划,并开展气象灾害防御知识宣传和培训活动。

(8)有气象灾害防御科普工作组织领导体系,有4个以上的气象科普村,其中1个为气象科普示范村。人群密集区有气象科普窗或“信息早市”。

二、重点防御单位认证条件

(1)有气象灾害警报点,在气象灾害影响期间有可以24小时值班的工作场所。

(2)有气象灾害防御工作分管领导和至少1名气象信息员,负责气象灾害应急防御工作。

(3)有气象灾害应急处置预案,并在一年内组织不少于1次的演练;有安全的避难场所,可在气象灾害发生时安置转移人员。

(4)有气象灾情的报告人员,且报告人员能向县气象部门进行情况通报或数据传输。

(5)有渠道(设备)能够接收县气象局气象灾害预警信息,能与县气象灾害预警中心保持通信畅通。

(6)有及时传播分发气象灾害预警信息渠道,如在公众场所设置自动接收、播放气象灾害警报信息的装置(包括广播设备、预警电子屏等)。

(7)能够及时收集上报气象灾害信息,并及时协助县气象部门进行气象灾害现场调查和处置。

(8)有面向员工的气象科普活动和气象灾害防御培训计划,且每年至少开展1次气象灾害防御知识宣传或培训活动。

三、其他企事业单位和农业行业认证条件

(1)有固定渠道或装置接收县气象部门发布的气象预警信息。

(2)有气象灾害防御分管负责人和气象信息员,能及时收集上报气象灾情。

(3)有气象灾害应急处置办法或方案。

(4)气象灾害预警信息能在本单位、本行业及时传播分发。

(5)灾害影响期间具有24小时保持通畅的通信设施和联络方式。

(6)参加县、乡镇气象灾害防御或其他气象专题培训,每年不少于1次。

第三节　认证机构

德清县气象局牵头组成德清县气象灾害应急准备工作认证专家评估组,负责全县气象灾害应急准备工作认证的初审。由县气象灾害应急准备工作认证管理办公室承担日常工作与管理,县应急办、县气象局共同负责认证审核监督。

第四节　认证程序

一、申报

(1)书面申报。电子版的气象灾害应急准备工作认证申请书可从德清气象网获得。申报单位在表格下载、打印、填写后,邮寄到德清县气象局转认证管理办公室。

(2)在线申报。气象灾害应急准备工作认证申报单位可以访问德清气象网进行在线申请，填写申请表并在线提交。工作人员将在 7 个工作日内做出答复。

(3)电子邮件申报。申报单位可从德清气象网下载申请表，填写完毕后发送电子邮件到认证管理办公室电子邮箱。认证管理办公室收到后将在 7 日内以电话的形式给予回复。

二、材料初审

申报时需提供填报规范和信息完整的气象灾害应急准备工作认证申请表、本单位基本概况和气象灾害应急准备工作情况介绍。

德清县气象局专家评估组对申请表及相关材料进行初审，若不符合申报要求，由专家提出修改意见并通知申报单位改进后重新申报。

三、调查评估

材料初审通过后，德清县气象局指派不少于两名成员的专家评估组对申报单位进行调查评估。评估人员经现场调查核实后签署评估意见，报县气象灾害应急准备工作认证管理办公室审核。

四、认证审核

德清县气象灾害应急准备工作认证管理办公室牵头会同有关单位，根据专家评估组的评估意见和相关文件，派出不少于 3 名成员的认证考核组对申报单位进行审核。审核方式采取听取介绍、检查台账、实地察看等，并按照《气象灾害应急准备工作认证评分标准及考核方法》进行打分，得分 95 以上(含 95 分，满分 100 分)将认定为气象灾害应急准备工作达标单位。若不合格，则由县气象灾害应急准备工作认证管理办公室负责指导申报单位进行改进和完善，接受下一次的审核验收。凡通过认证的达标单位，由县应急办和县气象局联合颁发荣誉证书和标志。

五、认证仪式

通过媒体公布认证达标单位，并适时举行证书和标志的颁发仪式。

六、认证期限

通过认证的单位每年进行一次检查，每 3 年进行一次复审。

七、认证监督、复审和吊销

(1)认证监督。获得气象灾害应急准备工作认证的单位应接受全社会的监督，认证管理办公室随时接受组织和个人的反映，如调查确认获得认证的单位不再符合气象灾害应急准备工作认证的要求，将收回其气象灾害应急准备工作认证标志和证书。

(2)认证复审。认证资格自颁发认证标志和证书之日起生效。在认证失效前 6 个月，认证管理办公室将通知已获得认证的单位重新申请认证。认证管理办公室将本着科学有效的原则，按照最新的评估标准，对认证单位进行指导。

(3)认证吊销。若已获得认证的单位在有效期后不再申请重新认证，认证管理办公室将收回其气象灾害应急准备工作认证标志和证书，并通过媒体公示。

第七章 乡镇气象信息员实用知识

第一节 乡镇气象信息员的义务及基本要求

一、工作义务

负责气象灾害预警信息的接收和传播，能结合当地实际提出灾害防御建议，协助当地政府和有关部门做好防灾减灾工作，并指导社会公众科学避灾。

参加气象防灾减灾技能培训，熟悉本区域可能发生的各类气象灾害，掌握防灾避险知识。

负责本区域内特殊天气现象的观测，并及时报告当地气象主管机构。

负责本区域内气象灾害信息的收集和报告，协助当地气象主管机构做好灾情调查、评估和鉴定工作。

协助当地气象主管机构，做好本区域内气象设施的日常维护及管理，开展定期巡查、除尘等日常维护及安全管理工作，发现设备被盗、损坏等异常情况立即报告当地气象主管机构。

协助当地气象主管机构，依法开展本区域内防雷减灾安全管理工作。

负责气象灾害防御知识和气象科普常识的宣传、普及。

收集当地气象服务需求信息及合理化建议，反馈气象服务效果。

协助当地气象主管机构做好其他工作。

二、基本要求

具有较好的政治思想素质，热衷于气象防灾减灾公益事业。

具有一定的管理能力和较强的责任心，能尽职尽责地完成工作任务。

熟悉本区域可能发生的各类气象灾害及防御重点区域，经培训熟练掌握相关防灾避险知识。

具有良好的身体素质，一般要求年龄在50岁以下，高中以上文化程度。

第二节 乡镇气象信息员工作流程

一、预警信息传播

在收到气象部门发布的气象灾害预警信息后，应通过有效的手段如广播、电话等及时进行广泛传播。在常规通讯手段失效时也可采用敲锣打鼓等方式及时将预警信息告知周围企业、群众，应尽可能利用学校、车站、码头、农贸市场、医院等公共场所，传递预警信息，使之进村入户，人人知晓。

二、气象灾害的防御

在气象灾害来临时，协助当地政府部门开展灾前防御准备，宣传气象灾害防御措施，指导帮助群众开展防灾抗灾。受气象灾害影响时要及时调查周围企业、群众受灾情况，并将灾情调查信息经过整理核实后报送气象部门。灾害结束后及时了解周围群众采取的主要防御措施和取得的效果，为今后防灾积累经验。开展重点单位走访，收集并向气象部门反馈服务效益情况、服务需求，对影响大、服务效益显著的事例应及时进行宣传，提高周围群众防灾减灾信心。

三、特殊天气现象观测

日常关注天气变化，对发生的特殊天气现象如强降水、暴雪、龙卷、冰雹、雨凇、雾凇等要及时地、实事求是地进行观测与记录，并在第一时间将天气现象发生的时间、地点、测量（或目测）数据告知当地气象主管机构。

四、气象设施巡查

定期巡查所负责的气象设施，对气象设施外观、设施情况、周边环境进行巡查，做好巡查记录。一旦发现异常情况，应初步确认问题所在，拍摄现场灾情照片，以备资料存档。对简单的情况可进行现场处理，无法解决时应尽快通知当地气象主管机构。

第三节　气象灾情调查

一、气象灾害调查目的

气象灾害调查的目的是：准确、及时、全面掌握气象灾害发生情况，提供有效气象预报警报，准确、及时、主动地为各级地方党委、政府组织防灾减灾提供气象灾害信息，科学部署抗灾、减灾和救灾工作，最大限度地减轻或避免气象灾害造成的人员伤亡和财产损失，维护社会稳定，促进经济社会发展。气象灾害调查虽然能客观地反映出当气象灾害发生后给人民生命财产和社会经济造成的影响，但不能较好地反映出当气象灾害发生前或者发生时人们为防御气象灾害所做的工作，以及因采取防御措施后所减少的经济财产损失情况。气象灾害是否发生不仅与致灾因子有关，而且与人类社会所处的地理环境以及防灾能力有关。因此，开展气象灾害调查，不仅仅只是调查灾情，更重要的是要加强气象致灾条件、预报预警服务情况、防灾减灾能力的调查，以便建立更全面的基础数据库，为开展气象灾害评估做准备。

二、灾害调查的主要内容

根据《气象灾情收集上报调查和评估规定》，气象灾害是指由气象原因直接或间接引起的、给人类和社会经济造成损失的灾害现象，包括台风、暴雨洪涝、干旱、大风、龙卷、冰雹、飑线、雷电、雪灾、冻雨、冻害、霜冻、低温冷害、沙尘暴、高温热浪、大雾、霾、连阴雨、渍涝、干热风、凌汛、酸雨、气象地质灾害、赤潮、风暴潮、作物病虫害、森林草原火灾、大气污染共 28 类。气象灾情调查和上报严格按照上述 28 类进行调查填写。气象灾情调查内容包括气象灾害基本情况以及气象灾害的社会经济影响等 16 类共 96 项，各项的字段属性、单位及说明依据《全国气象灾情收集上报技术规范》，具体内容如下：

(1)基本信息：记录编号、省(自治区、直辖市)、市(地、州)、县(区、市)、县编码、灾害发生地名称、灾害类别、应归属的常见灾害名称、伴随灾害、灾害开始日期、灾害结束日期、气象要素实况、灾害影响描述。

(2)社会影响：受灾人口、死亡人口、失踪人口、受伤人口、被困人口、饮水困难人口、转移安置人口、倒塌房屋、损坏房屋、引发的疾病名称、发病人口、停课学校、直接经济损失、其他社会影响。

(3)农业影响：受灾农作物名称、农作物受灾面积、农作物成灾面积、农作物绝收面积、损失粮食、损坏大棚、农业经济损失、农业其他影响。

(4)畜牧业影响：影响牧草名称、牧草受灾面积、死亡大牲畜、死亡家禽、饮水困难牲畜、畜牧业经济损失、畜牧业其他影响。

(5)水利影响:水毁大型水库、水毁中型水库、水毁小型水库、水毁塘坝、水毁沟渠长度、堤坝决口情况、水情信息、水利经济损失、水利其他影响。

(6)工业影响:停产工厂、工业设备损失、工业经济损失、工业其他影响。

(7)林业影响:林木损失、林业受灾面积、林业经济损失、林业其他影响。

(8)渔业影响:捕捞船只翻(沉)数量、捕捞船只翻(沉)总吨位、渔业影响面积、渔业经济损失、渔业其他影响。

(9)交通影响:飞机航班延误架次、交通工具(汽车、火车)停运时间、交通工具(飞机、汽车等)损毁、铁路损坏长度、公路损坏长度、水上运输翻(沉)船只数量、滞留旅客数、道路堵塞、交通经济损失、交通其他影响。

(10)电力影响:电力倒杆数、电力倒塔数、电力断线长度、电力中断时间、电力经济损失、电力其它影响。

(11)通讯影响:通讯中断时间、通讯经济损失、通讯其他影响。

(12)商业影响:停业商店数、商业经济损失、商业其他影响。

(13)基础设施影响:损坏桥梁涵洞、基础设施经济损失、基础设施其他影响。

(14)其他行业影响:指灾害对除前面所列所有行业之外的其他行业的影响。

(15)图像视频信息:图片文件及其信息说明、视频文件及其信息说明。

(16)说明:数据来源、备注。

三、气象服务效益的收集

气象灾害发生后,气象信息员应及时走访当地重点企业、农业大户以及周围的群众，及时了解气象预警信息在周围企业、群众中的传播程度，针对气象灾害是否采取了防御措施以及采取防御措施后是否避免或减少了损失，了解并记录具体采取的措施，减少损失的情况。在重大气象灾害发生后，应配合当地气象部门开展服务效益的调查和收集。

四、气象灾害调查的记录及报送

气象灾害的调查可以通过实地查看、走访了解，也可以通过走访当地乡镇了解灾情，并详细记录调查到的气象灾害信息。实地调查时，有条件的可以对灾害现场进行摄影、摄像，并配以适当的文字说明。应及时将调查资料报送当地气象部门。当了解到灾情造成重大损失如人员伤亡、财产损失等，应第一时间通知气象部门，并配合气象部门联合开展调查。

附录一　气象灾害预警信号与防御指南

一、台风预警信号

台风预警信号分四级，分别以蓝色、黄色、橙色和红色表示。

（一）台风蓝色预警信号

图标：

标准：24 小时内可能或者已经受热带气旋影响，沿海或者陆地平均风力达 6 级以上，或者阵风 8 级以上并可能持续。

防御指南：

1. 政府及相关部门按照职责做好防台风准备工作；

2. 停止露天集体活动和高空等户外危险作业；

3. 相关水域水上作业和过往船舶采取积极的应对措施，如回港避风或者绕道航行等；

4. 加固门窗、围板、棚架、广告牌等易被风吹动的搭建物，切断危险的室外电源。

（二）台风黄色预警信号

图标：

标准：24 小时内可能或者已经受热带气旋影响，沿海或者陆地平均风力达 8 级以上，或者阵风 10 级以上并可能持续。

防御指南：

1. 政府及相关部门按照职责做好防台风应急准备工作；

2. 停止室内外大型集会和高空等户外危险作业；

3. 相关水域水上作业和过往船舶采取积极的应对措施，加固港口设施，防止船舶走锚、搁浅和碰撞；

4. 加固或者拆除易被风吹动的搭建物，人员切勿随意外出，确保老人小孩留在家中最安全的地方，危房人员及时转移。

（三）台风橙色预警信号

图标：

标准：12 小时内可能或者已经受热带气旋影响，沿海或者陆地平均风力达 10 级以上，或者阵风 12 级以上并可能持续。

防御指南：

1. 政府及相关部门按照职责做好防台风抢险应急工作；

2. 停止室内外大型集会、停课、停业（除特殊行业外）；

3. 相关水域水上作业和过往船舶应当回港避风，加固港口设施，防止船舶走锚、搁浅和碰撞；

4. 加固或者拆除易被风吹动的搭建物，人员应当尽可能待在防风安全的地方，当台风中心经过时风力会减小或者静止一段时间，切记强风将会突然吹袭，应当继续留在安全处避风，危房人员及时转移；

5. 相关地区应当注意防范强降水可能引发的山洪、地质灾害。

（四）台风红色预警信号

图标：

标准：6 小时内可能或者已经受热带气旋影响，沿海或者陆地平均风力达 12 级以上，或者阵风达 14 级以上并可能持续。

防御指南：

1. 政府及相关部门按照职责做好防台风应急和抢险工作；

2. 停止集会、停课、停业（除特殊行业外）；

3. 回港避风的船舶要视情况采取积极措施，妥善安排人员留守或者转移到安全地带；

4. 加固或者拆除易被风吹动的搭建物，人员应当待在防风安全的地方，当台风中心经过时风力会减小或者静止一段时间，切记强风将会突然吹袭，应当继续留在安全处避风，危房人员及时转移；

5. 相关地区应当注意防范强降水可能引发的山洪、地质灾害。

二、暴雨预警信号

暴雨预警信号分四级，分别以蓝色、黄色、橙色、红色表示。

（一）暴雨蓝色预警信号

图标：

标准：12 小时内降雨量将达 50 毫米以上，或者已达 50 毫米以上且降雨可能持续。

防御指南：

1. 政府及相关部门按照职责做好防暴雨准备工作；

2. 学校、幼儿园采取适当措施，保证学生和幼儿安全；

3. 驾驶人员应当注意道路积水和交通阻塞，确保安全；

4. 检查城市、农田、鱼塘排水系统，做好排涝准备。

（二）暴雨黄色预警信号

图标：

标准：6 小时内降雨量将达 50 毫米以上，或者已达 50 毫米以上且降雨可能持续。

防御指南：

1. 政府及相关部门按照职责做好防暴雨工作；

2. 交通管理部门应当根据路况在强降雨路段采取交通管制措施，在积水路段实行交通引导；

3. 切断低洼地带有危险的室外电源，暂停在空旷地方的户外作业，转移危险地带人员和危房居民到安全场所避雨；

4. 检查城市、农田、鱼塘排水系统，采取必要的排涝措施。

（三）暴雨橙色预警信号

图标：

标准：3 小时内降雨量将达 50 毫米以上，或者已达 50 毫米以上且降雨可能持续。

防御指南：

1. 政府及相关部门按照职责做好防暴雨应急工作；

2. 切断有危险的室外电源，暂停户外作业；

3. 处于危险地带的单位应当停课、停业，采取专门措施保护已到校学生、幼儿和其他上班人员的安全；

4. 做好城市、农田的排涝，注意防范可能引发的山洪、滑坡、泥石流等灾害。

（四）暴雨红色预警信号

图标：

标准：3 小时内降雨量将达 100 毫米以上，或者已达 100 毫米以上且降雨可能持续。

防御指南：

1. 政府及相关部门按照职责做好防暴雨应急和抢险工作；

2. 停止集会、停课、停业（除特殊行业外）；

3. 做好山洪、滑坡、泥石流等灾害的防御和抢险工作。

三、暴雪预警信号

暴雪预警信号分四级，分别以蓝色、黄色、橙色、红色表示。

(一)暴雪蓝色预警信号

图标：

标准：12 小时内降雪量将达 4 毫米以上，或者已达 4 毫米以上且降雪持续，可能对交通或者农牧业有影响。

防御指南：

1. 政府及有关部门按照职责做好防雪灾和防冻害准备工作；

2. 交通、铁路、电力、通信等部门应当进行道路、铁路、线路巡查维护，做好道路清扫和积雪融化工作；

3. 行人注意防寒防滑，驾驶人员小心驾驶，车辆应当采取防滑措施；

4. 农牧区和种养殖业要储备饲料，做好防雪灾和防冻害准备；

5. 加固棚架等易被雪压的临时搭建物。

(二)暴雪黄色预警信号

图标：

标准：12 小时内降雪量将达 6 毫米以上，或者已达 6 毫米以上且降雪持续，可能对交通或者农牧业有影响。

防御指南：

1. 政府及相关部门按照职责落实防雪灾和防冻害措施；

2. 交通、铁路、电力、通信等部门应当加强道路、铁路、线路巡查维护，做好道路清扫和积雪融化工作；

3. 行人注意防寒防滑，驾驶人员小心驾驶，车辆应当采取防滑措施；

4. 农牧区和种养殖业要备足饲料，做好防雪灾和防冻害准备；

5. 加固棚架等易被雪压的临时搭建物。

(三)暴雪橙色预警信号

图标：

标准：6小时内降雪量将达10毫米以上，或者已达10毫米以上且降雪持续，可能或者已经对交通或者农牧业有较大影响。

防御指南：

1. 政府及相关部门按照职责做好防雪灾和防冻害的应急工作；

2. 交通、铁路、电力、通信等部门应当加强道路、铁路、线路巡查维护，做好道路清扫和积雪融化工作；

3. 减少不必要的户外活动；

4. 加固棚架等易被雪压的临时搭建物，将户外牲畜赶入棚圈喂养。

(四)暴雪红色预警信号

图标：

标准：6小时内降雪量将达15毫米以上，或者已达15毫米以上且降雪持续，可能或者已经对交通或者农牧业有较大影响。

防御指南：

1. 政府及相关部门按照职责做好防雪灾和防冻害的应急和抢险工作；

2. 必要时停课、停业(除特殊行业外)；

3. 必要时飞机暂停起降，火车暂停运行，高速公路暂时封闭；

4. 做好牧区等救灾救济工作。

四、寒潮预警信号

寒潮预警信号分四级，分别以蓝色、黄色、橙色、红色表示。

（一）寒潮蓝色预警信号

图标：

标准：48 小时内最低气温将要下降 8 ℃以上，最低气温小于等于 4 ℃，陆地平均风力可达 5 级以上；或者已经下降 8 ℃以上，最低气温小于等于 4 ℃，平均风力达 5 级以上，并可能持续。

防御指南：

1. 政府及有关部门按照职责做好防寒潮准备工作；

2. 注意添衣保暖；

3. 对热带作物、水产品采取一定的防护措施；

4. 做好防风准备工作。

（二）寒潮黄色预警信号

图标：

标准：24 小时内最低气温将要下降 10 ℃以上，最低气温小于等于 4 ℃，陆地平均风力可达 6 级以上；或者已经下降 10 ℃以上，最低气温小于等于 4 ℃，平均风力达 6 级以上，并可能持续。

防御指南：

1. 政府及有关部门按照职责做好防寒潮工作；

2. 注意添衣保暖，照顾好老、弱、病人；

3. 对牲畜、家禽和热带、亚热带水果及有关水产品、农作物等采取防寒措施；

4. 做好防风工作。

(三)寒潮橙色预警信号

图标：

标准：24 小时内最低气温将要下降 12 ℃以上，最低气温小于等于 0 ℃，陆地平均风力可达 6 级以上；或者已经下降 12 ℃以上，最低气温小于等于 0 ℃，平均风力达 6 级以上，并可能持续。

防御指南：

1. 政府及有关部门按照职责做好防寒潮应急工作；

2. 注意防寒保暖；

3. 农业、水产业、畜牧业等要积极采取防霜冻、冰冻等防寒措施，尽量减少损失；

4. 做好防风工作。

(四)寒潮红色预警信号

图标：

标准：24 小时内最低气温将要下降 16 ℃以上，最低气温小于等于 0 ℃，陆地平均风力可达 6 级以上；或者已经下降 16 ℃以上，最低气温小于等于 0 ℃，平均风力达 6 级以上，并可能持续。

防御指南：

1. 政府及相关部门按照职责做好防寒潮的应急和抢险工作；

2. 注意防寒保暖；

3. 农业、水产业、畜牧业等要积极采取防霜冻、冰冻等防寒措施，尽量减少损失；

4. 做好防风工作。

五、大风预警信号

大风(除台风外)预警信号分四级，分别以蓝色、黄色、橙色、红色表示。

（一）大风蓝色预警信号

图标：

标准：24 小时内可能受大风影响，平均风力可达 6 级以上，或者阵风 7 级以上；或者已经受大风影响，平均风力为 6～7 级，或者阵风 7～8 级并可能持续。

防御指南：

1. 政府及相关部门按照职责做好防大风工作；

2. 关好门窗，加固围板、棚架、广告牌等易被风吹动的搭建物，妥善安置易受大风影响的室外物品，遮盖建筑物资；

3. 相关水域水上作业和过往船舶采取积极的应对措施，如回港避风或者绕道航行等；

4. 行人注意尽量少骑自行车，刮风时不要在广告牌、临时搭建物等下面逗留；

5. 有关部门和单位注意森林、草原等防火。

（二）大风黄色预警信号

图标：

标准：12 小时内可能受大风影响，平均风力可达 8 级以上，或者阵风 9 级以上；或者已经受大风影响，平均风力为 8～9 级，或者阵风 9～10 级并可能持续。

防御指南：

1. 政府及相关部门按照职责做好防大风工作；

2. 停止露天活动和高空等户外危险作业，危险地带人员和危房居民尽量转到避风场所避风；

3. 相关水域水上作业和过往船舶采取积极的应对措施，加固港口设施，防止船舶走锚、搁浅和碰撞；

4. 切断户外危险电源，妥善安置易受大风影响的室外物品，遮盖建筑物资；

5. 机场、高速公路等单位应当采取保障交通安全的措施，有关部门和单位注意森林、草原等防火。

（三）大风橙色预警信号

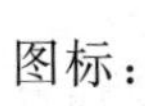
图标：

标准：6 小时内可能受大风影响，平均风力可达 10 级以上，或者阵风 11 级以上；或者已经受大风影响，平均风力为 10～11 级，或者阵风 11～12 级并可能持续。

防御指南：

1. 政府及相关部门按照职责做好防大风应急工作；

2. 房屋抗风能力较弱的中小学校和单位应当停课、停业，人员减少外出；

3. 相关水域水上作业和过往船舶应当回港避风，加固港口设施，防止船舶走锚、搁浅和碰撞；

4. 切断危险电源，妥善安置易受大风影响的室外物品，遮盖建筑物资；

5. 机场、铁路、高速公路、水上交通等单位应当采取保障交通安全的措施，有关部门和单位注意森林、草原等防火。

（四）大风红色预警信号

图标：

标准：6 小时内可能受大风影响，平均风力可达 12 级以上，或者阵风 13 级以上；或者已经受大风影响，平均风力为 12 级以上，或者阵风 13 级以上并可能持续。

防御指南：

1. 政府及相关部门按照职责做好防大风应急和抢险工作；

2. 人员应当尽可能停留在防风安全的地方，不要随意外出；

3. 回港避风的船舶要视情况采取积极措施，妥善安排人员留守或者转移到安全地带；

4. 切断危险电源，妥善安置易受大风影响的室外物品，遮盖建筑物资；

5. 机场、铁路、高速公路、水上交通等单位应当采取保障交通安全的措施，有关部门和单位注意森林、草原等防火。

六、沙尘暴预警信号

沙尘暴预警信号分三级，分别以黄色、橙色、红色表示。

(一)沙尘暴黄色预警信号

图标：

标准：12 小时内可能出现沙尘暴天气(能见度小于 1000 米)，或者已经出现沙尘暴天气并可能持续。

防御指南：

1. 政府及相关部门按照职责做好防沙尘暴工作；

2. 关好门窗，加固围板、棚架、广告牌等易被风吹动的搭建物，妥善安置易受大风影响的室外物品，遮盖建筑物资，做好精密仪器的密封工作；

3. 注意携带口罩、纱巾等防尘用品，以免沙尘对眼睛和呼吸道造成损伤；

4. 呼吸道疾病患者、对风沙较敏感人员不要到室外活动。

（二）沙尘暴橙色预警信号

图标：

标准：6 小时内可能出现强沙尘暴天气（能见度小于 500 米），或者已经出现强沙尘暴天气并可能持续。

防御指南：

1. 政府及相关部门按照职责做好防沙尘暴应急工作；

2. 停止露天活动和高空、水上等户外危险作业；

3. 机场、铁路、高速公路等单位做好交通安全的防护措施，驾驶人员注意沙尘暴变化，小心驾驶；

4. 行人注意尽量少骑自行车，户外人员应当戴好口罩、纱巾等防尘用品，注意交通安全。

（三）沙尘暴红色预警信号

图标：

标准：6 小时内可能出现特强沙尘暴天气（能见度小于 50 米），或者已经出现特强沙尘暴天气并可能持续。

防御指南：

1. 政府及相关部门按照职责做好防沙尘暴应急抢险工作；

2. 人员应当留在防风、防尘的地方，不要在户外活动；

3. 学校、幼儿园推迟上学或者放学，直至特强沙尘暴结束；

4. 飞机暂停起降，火车暂停运行，高速公路暂时封闭。

七、高温预警信号

高温预警信号分三级，分别以黄色、橙色、红色表示。

（一）高温黄色预警信号

图标：

标准：连续三天日最高气温将在 35 ℃以上。

防御指南：

1. 有关部门和单位按照职责做好防暑降温准备工作；

2. 午后尽量减少户外活动；

3. 对老、弱、病、幼人群提供防暑降温指导；

4. 高温条件下作业和白天需要长时间进行户外露天作业的人员应当采取必要的防护措施。

（二）高温橙色预警信号

图标：

标准：24 小时内最高气温将升至 37 ℃以上。

防御指南：

1. 有关部门和单位按照职责落实防暑降温保障措施；

2. 尽量避免在高温时段进行户外活动，高温条件下作业的人员应当缩短连续工作时间；

3. 对老、弱、病、幼人群提供防暑降温指导，并采取必要的防护措施；

4. 有关部门和单位应当注意防范因用电量过高，以及电线、变压器等电力负载过大而引发的火灾。

（三）高温红色预警信号

图标：

标准：24 小时内最高气温将升至 40 ℃以上。

防御指南：

1. 有关部门和单位按照职责采取防暑降温应急措施；

2. 停止户外露天作业(除特殊行业外)；

3. 对老、弱、病、幼人群采取保护措施；

4. 有关部门和单位要特别注意防火。

八、干旱预警信号

干旱预警信号分二级，分别以橙色、红色表示。干旱指标等级划分，以国家标准《气象干旱等级》(GB/T20481—2006)中的综合气象干旱指数为标准。

(一)干旱橙色预警信号

图标：

标准：预计未来一周综合气象干旱指数达到重旱(气象干旱为25～50年一遇)，或者某一县(区)有40%以上的农作物受旱。

防御指南：

1. 有关部门和单位按照职责做好防御干旱的应急工作；

2. 有关部门启用应急备用水源，调度辖区内一切可用水源，优先保障城乡居民生活用水和牲畜饮水；

3. 压减城镇供水指标，优先经济作物灌溉用水，限制大量农业灌溉用水；

4. 限制非生产性高耗水及服务业用水，限制排放工业污水；

5. 气象部门适时进行人工增雨作业。

(二)干旱红色预警信号

图标：

标准：预计未来一周综合气象干旱指数达到特旱(气象干旱

为50年以上一遇)，或者某一县(区)有60%以上的农作物受旱。

防御指南：

1. 有关部门和单位按照职责做好防御干旱的应急和救灾工作；

2. 各级政府和有关部门启动远距离调水等应急供水方案，采取提外水、打深井、车载送水等多种手段，确保城乡居民生活和牲畜饮水；

3. 限时或者限量供应城镇居民生活用水，缩小或者阶段性停止农业灌溉供水；

4. 严禁非生产性高耗水及服务业用水，暂停排放工业污水；

5. 气象部门适时加大人工增雨作业力度。

九、雷电预警信号

雷电预警信号分三级，分别以黄色、橙色、红色表示。

(一)雷电黄色预警信号

图标：

标准：6小时内可能发生雷电活动，可能会造成雷电灾害事故。

防御指南：

1. 政府及相关部门按照职责做好防雷工作；

2. 密切关注天气，尽量避免户外活动。

(二)雷电橙色预警信号

图标：

标准：2小时内发生雷电活动的可能性很大，或者已经受雷电活动影响，且可能持续，出现雷电灾害事故的可能性比较大。

防御指南：

1. 政府及相关部门按照职责落实防雷应急措施；

2. 人员应当留在室内，并关好门窗；

3. 户外人员应当躲入有防雷设施的建筑物或者汽车内；

4. 切断危险电源，不要在树下、电杆下、塔吊下避雨；

5. 在空旷场地不要打伞，不要把农具、羽毛球拍、高尔夫球杆等扛在肩上。

(三)雷电红色预警信号

图标：

标准：2 小时内发生雷电活动的可能性非常大，或者已经有强烈的雷电活动发生，且可能持续，出现雷电灾害事故的可能性非常大。

防御指南：

1. 政府及相关部门按照职责做好防雷应急抢险工作；

2. 人员应当尽量躲入有防雷设施的建筑物或者汽车内，并关好门窗；

3. 切勿接触天线、水管、铁丝网、金属门窗、建筑物外墙，远离电线等带电设备和其他类似金属装置；

4. 尽量不要使用无防雷装置或者防雷装置不完备的电视、电话等电器；

5. 密切注意雷电预警信息的发布。

十、冰雹预警信号

冰雹预警信号分二级，分别以橙色、红色表示。

(一)冰雹橙色预警信号

图标：

标准：6 小时内可能出现冰雹天气，并可能造成雹灾。

防御指南：

1. 政府及相关部门按照职责做好防冰雹的应急工作；

2. 气象部门做好人工防雹作业准备并择机进行作业；

3. 户外行人立即到安全的地方暂避；

4. 驱赶家禽、牲畜进入有顶篷的场所，妥善保护易受冰雹袭击的汽车等室外物品或者设备；

5. 注意防御冰雹天气伴随的雷电灾害。

(二)冰雹红色预警信号

图标：

标准：2 小时内出现冰雹可能性极大，并可能造成重雹灾。

防御指南：

1. 政府及相关部门按照职责做好防冰雹的应急和抢险工作；

2. 气象部门适时开展人工防雹作业；

3. 户外行人立即到安全的地方暂避；

4. 驱赶家禽、牲畜进入有顶篷的场所，妥善保护易受冰雹袭击的汽车等室外物品或者设备；

5. 注意防御冰雹天气伴随的雷电灾害。

十一、霜冻预警信号

霜冻预警信号分三级，分别以蓝色、黄色、橙色表示。

(一)霜冻蓝色预警信号

图标：

标准：48 小时内地面最低温度将要下降到 0 ℃以下，对农业将产生影响，或者已经降到 0 ℃以下，对农业已经产生影响，并可能持续。

防御指南：

1. 政府及农林主管部门按照职责做好防霜冻准备工作；

2. 对农作物、蔬菜、花卉、瓜果、林业育种要采取一定的防护措施；

3. 农村基层组织和农户要关注当地霜冻预警信息，以便采取措施加强防护。

（二）霜冻黄色预警信号

图标：

标准：24 小时内地面最低温度将要下降到零下 3 ℃以下，对农业将产生严重影响，或者已经降到零下 3 ℃以下，对农业已经产生严重影响，并可能持续。

防御指南：

1. 政府及农林主管部门按照职责做好防霜冻应急工作；

2. 农村基层组织要广泛发动群众，防灾抗灾；

3. 对农作物、林业育种要积极采取田间灌溉等防霜冻、冰冻措施，尽量减少损失；

4. 对蔬菜、花卉、瓜果要采取覆盖、喷洒防冻液等措施，减轻冻害。

（三）霜冻橙色预警信号

图标：

标准：24 小时内地面最低温度将要下降到零下 5 ℃以下，对农业将产生严重影响，或者已经降到零下 5 ℃以下，对农业已经产生严重影响，并将持续。

防御指南：

1. 政府及农林主管部门按照职责做好防霜冻应急工作；

2. 农村基层组织要广泛发动群众，防灾抗灾；

3. 对农作物、蔬菜、花卉、瓜果、林业育种要采取积极的应对措施，尽量减少损失。

十二、大雾预警信号

大雾预警信号分三级，分别以黄色、橙色、红色表示。

（一）大雾黄色预警信号

图标：

标准：12小时内可能出现能见度小于500米的雾，或者已经出现能见度小于500米、大于等于200米的雾并将持续。

防御指南：

1. 有关部门和单位按照职责做好防雾准备工作；

2. 机场、高速公路、轮渡码头等单位加强交通管理，保障安全；

3. 驾驶人员注意雾的变化，小心驾驶；

4. 户外活动注意安全。

（二）大雾橙色预警信号

图标：

标准：6小时内可能出现能见度小于200米的雾，或者已经出现能见度小于200米、大于等于50米的雾并将持续。

防御指南：

1. 有关部门和单位按照职责做好防雾工作；

2. 机场、高速公路、轮渡码头等单位加强调度指挥；

3. 驾驶人员必须严格控制车、船的行进速度；

4. 减少户外活动。

（三）大雾红色预警信号

图标：

标准：2小时内可能出现能见度小于50米的雾，或者已经出现能见度小于50米的雾并将持续。

防御指南：

1. 有关部门和单位按照职责做好防雾应急工作；

2. 有关单位按照行业规定适时采取交通安全管制措施，如机场暂停飞机起降，高速公路暂时封闭，轮渡暂时停航等；

3. 驾驶人员根据雾天行驶规定，采取雾天预防措施，根据环境条件采取合理行驶方式，并尽快寻找安全停放区域停靠；

4. 不要进行户外活动。

十三、霾预警信号（暂行，2013年4月修订版）

霾预警信号分为三级，以黄色、橙色和红色表示，分别对应预报等级用语的中度霾、重度霾和严重霾。

（一）霾黄色预警信号

图标：

标准：预计未来24小时内可能出现下列条件之一并将持续或实况已达到下列条件之一并可能持续：

（1）能见度小于3000米且相对湿度小于80%的霾。

（2）能见度小于3000米且相对湿度大于等于80%，$PM_{2.5}$浓度大于115微克/米^{3}且小于等于150微克/米^3。

（3）能见度小于5000米，$PM_{2.5}$浓度大于150微克/米^{3}且小于等于250微克/米^3。

防御指南：

1. 空气质量明显降低，人员需适当防护；

2. 一般人群适量减少户外活动，儿童、老人及易感人群应减少外出。

（二）霾橙色预警信号

图标：

标准：预计未来24小时内可能出现下列条件之一并将持续或实况已达到下列条件之一并可能持续：

（1）能见度小于2000米且相对湿度小于80%的霾。

（2）能见度小于2000米且相对湿度大于等于80%，$PM_{2.5}$浓度大于150微克/米^{3}且小于等于250微克/米^3。

（3）能见度小于5000米，$PM_{2.5}$浓度大于250微克/米^{3}且小于等于500微克/米^3。

防御指南：

1. 空气质量差，人员需适当防护；

2. 一般人群减少户外活动，儿童、老人及易感人群应尽量避免外出。

（三）霾红色预警信号

图标：

标准：预计未来24小时内可能出现下列条件之一并将持续或实况已达到下列条件之一并可能持续：

（1）能见度小于1000米且相对湿度小于80%的霾。

（2）能见度小于1000米且相对湿度大于等于80%，$PM_{2.5}$浓度大于250微克/米^{3}且小于等于500微克/米^3。

（3）能见度小于5000米，$PM_{2.5}$浓度大于500微克/米^3。

防御指南：

1. 政府及相关部门按照职责采取相应措施，控制污染物排放。

2. 空气质量很差，人员需加强防护；

3. 一般人群避免户外活动，儿童、老人及易感人群应当留在室内；

4. 机场、高速公路、轮渡码头等单位加强交通管理，保障安全；

5. 驾驶人员谨慎驾驶。

十四、道路结冰预警信号

道路结冰预警信号分三级，分别以黄色、橙色、红色表示。

（一）道路结冰黄色预警信号

图标：

标准：当路表温度低于 0 ℃，出现降水，12 小时内可能出现对交通有影响的道路结冰。

防御指南：

1. 交通、公安等部门要按照职责做好道路结冰应对准备工作；

2. 驾驶人员应当注意路况，安全行驶；

3. 行人外出尽量少骑自行车，注意防滑。

（二）道路结冰橙色预警信号

图标：

标准：当路表温度低于 0 ℃，出现降水，6 小时内可能出现对交通有较大影响的道路结冰。

防御指南：

1. 交通、公安等部门要按照职责做好道路结冰应急工作；

2. 驾驶人员必须采取防滑措施，听从指挥，慢速行使；

3. 行人出门注意防滑。

(三)道路结冰红色预警信号

图标：

标准：当路表温度低于 0 ℃，出现降水，2 小时内可能出现或者已经出现对交通有很大影响的道路结冰。

防御指南：

1. 交通、公安等部门做好道路结冰应急和抢险工作；

2. 交通、公安等部门注意指挥和疏导行驶车辆，必要时关闭结冰道路交通；

3. 人员尽量减少外出。

附录二　主要气象灾害各部门联动措施和社会响应

一、台风灾害部门联动和社会响应

预警等级 部门响应	Ⅳ级、Ⅲ级	Ⅱ级	Ⅰ级
	台风蓝色、黄色预警	台风橙色预警	台风红色预警
气象部门	加强监测预报，及时发布台风蓝色、黄色预警信号及相关防御指引	及时发布台风橙色预警信号，适时增加预报发布频次	及时发布台风红色预警信号，跟踪发布台风动态，增加预报发布频次
水务部门	通知各水库、河道、涵闸、泵站等管理单位做好防御台风准备	组织对各水库、河道、泵站等进行安全巡查，发现险情及时排除	根据险情，动员相应的社会力量，组织抗台风抢险队伍，及时排除因台风造成的险情
公安部门	加强对重点地区、重点场所、重点人群、重要设备的保护	组织警力，随时准备投入抢险救灾工作；限制高速公路车流车速，及时处置因台风引发的交通事故	负责灾害事件发生地的治安救助工作；必要时封闭高速公路，实行交通管制

续表

预警等级 / 部门响应	Ⅳ级、Ⅲ级	Ⅱ级	Ⅰ级
	台风蓝色、黄色预警	台风橙色预警	台风红色预警
教育部门	通知学校、幼儿园做好防台风准备，暂停室外教学活动		通知学校、幼儿园做好防台风应急准备，停止室外教学活动，保护已经抵达学校的学生和幼儿园内儿童的安全
住房城乡建设部门	督促施工单位根据台风等级，严格按照施工安全的法律、法规、规范、标准、规程做好防台风工作		
	通知有关单位对其设置的围板、棚架、临时搭建物采取加固措施	安排专人对搭建物及设施、树木的安全性进行排查，并采取加固措施，必要时拆除有安全隐患的设施	加固或者拆除易被风吹倒的搭建物等；督促施工单位停止作业，安排人员到安全场所避风
城管部门	通知有关单位和业主对设置的露天广告牌采取加固措施	安排专人对露天广告牌的安全性进行排查，并采取加固措施，必要时拆除有安全隐患的设施	加固或者拆除易被风吹倒的露天广告牌
农林部门	提醒果农、菜农和水产养殖业主、林场负责人等做好防台风准备	指导果农、菜农和水产养殖业主、林场负责人等采取一定的防台风措施	种植业、园艺业、水产业、畜牧业、林业等应采取防台风措施，组织种植业主抢收成熟瓜果和防护低洼地带的作物
民政部门	做好受灾群众紧急转移安置准备	负责紧急转移安置受灾群众并提供基本生活救助	
卫生部门	宣传台风可能对公众健康带来的不利影响及对策	做好台风引发的疾病救治工作，抢救伤员	组织抢救伤员，做好防疫工作，防止和控制灾区疫情、疾病的发生、传播和蔓延

续表

部门响应 \ 预警等级	Ⅳ级、Ⅲ级	Ⅱ级	Ⅰ级
	台风蓝色、黄色预警	台风橙色预警	台风红色预警
交通运输海事部门	协助公安部门规划应急交通管制线路，规划水上应急交通航线	组织运送救援人员、受灾人员、救援设备、救灾物资等；通知相关水域水上作业人员和过往船舶回港避风；加固港口设施，防止船舶走锚、搁浅或碰撞；负责组织、指挥、协调抢修因台风灾害损坏的公路交通设施	回港避风的船舶应视情况采取积极措施，妥善安排人员留守或转移至安全地带；组织、指挥、协调修复受灾中断的公路、桥梁、隧道和内河航道及其他受损的重要交通设施
旅游部门	宣传台风可能对游客的不利影响及对策	督促、协助旅游景点疏散游客	协助做好受灾旅游景点的救灾工作
国土资源部门	通知地质灾害危险点的防灾责任人、监测人和该区域内的群众	组织人员重点巡查地质灾害危险点，采取防范措施	对已发生的地质灾害开展应急调查，协助当地政府采取应急措施
安监部门	通知安委会各成员单位做好防台风的安全工作	督促高危行业、企业落实防台风工作	参与、协调台风引发的灾害事故抢险、救灾工作
乡镇、社区	通知居住在低洼地带、各类危旧住房、厂房、工棚、临时建筑中的人员注意防台风，并组织排查安全隐患	关注台风最新动态，检查本区各项防台措施落实情况；撤离辖区范围山边、河边窝棚内临时居住人员；会同有关部门加强对危坡、危墙、危房的监测	组织力量对区内出现的灾情进行救援；撤离并安置对居住在确有安全隐患的各类危旧住房、厂房、工棚、临时建筑中的人员，尤其是临近山坡的临时建筑物中的人员
部队和武警		进入紧急抢险救灾状态，对灾害现场实施救援	

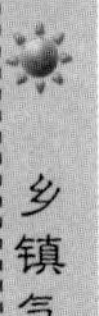

续表

部门响应＼预警等级	Ⅳ级、Ⅲ级	Ⅱ级	Ⅰ级
	台风蓝色、黄色预警	台风橙色预警	台风红色预警
新闻媒体	运用多种形式，及时传播气象台站发布的台风预警信息，提示社会公众采取有效措施，做好台风灾害防护		
社会公众	注意收听、收看媒体传播的台风信息，及时了解台风动态；不到台风途经地区游玩或到海滩游泳	调整出行计划，尽量减少外出，关闭门窗；不在广告牌、架空电线电缆、树木下躲避，以免受伤	尽量不到户外活动，户外人员应寻找安全地带躲避，并注意防止雷电袭击；危险建筑物内的人员应撤离
学校幼儿园	做好防御台风准备、暂停户外活动		收到停课通知后，保护好在校学生和幼儿园内儿童的安全
建筑工地	及时收听有关台风信息，做好防台风工作	停止户外作业	
供电供水供气等基础设施营运单位	及时收听、收看台风信息	关注台风最新动态，采取必要措施避免设施受损	迅速组织调集力量，抢修受台风侵袭损毁的设施

二、暴雨灾害部门联动和社会响应

预警等级 / 部门响应	Ⅳ级、Ⅲ级	Ⅱ级	Ⅰ级
	暴雨蓝色、黄色预警	暴雨橙色预警	暴雨红色预警
气象部门	加强监测预报，及时发布暴雨蓝色、黄色预警信号及相关防御指引	及时发布暴雨橙色预警信号及相关防御指引，适时增加预报发布频次	及时发布暴雨红色预警信号及相关防御指引；开展暴雨影响分析评估
水务部门	通知各水库、河道、涵闸、泵站等管理单位做好防御暴雨准备	组织对各水库、河道、泵站等进行安全巡查，发现险情及时排除	根据险情，动员相应的社会力量，组织抗洪抢险队伍，及时排除因洪水造成的险情
公安部门	加强对重点地区、重点场所、重点人群、重要设备的保护	组织警力，随时准备投入抢险救灾工作；限制高速公路车流车速，及时处置因暴雨引起的交通事故	负责灾害事件发生地的治安救助工作；必要时封闭高速公路，实行道路警戒和交通管制
教育部门	通知学校、幼儿园做好防暴雨准备，暂停室外教学活动		通知学校、幼儿园做好防暴雨防洪准备，停止室外教学活动，保护已经抵达学校的学生和幼儿园内儿童的安全
住房城乡建设部门	督促施工单位根据暴雨等级，严格按照施工安全法律、法规、规范、标准、规程做好防暴雨工作；组织检查公共场所积水情况和因暴雨造成的水毁设施并及时组织修复		
农林部门	组织种植业主抢收成熟瓜果和防护低洼地带的作物		
民政部门	做好受灾群众紧急转移安置的准备工作	负责受灾群众的紧急转移安置并提供基本生活救助	

续表

预警等级 / 部门响应	Ⅳ级、Ⅲ级	Ⅱ级	Ⅰ级
	暴雨蓝色、黄色预警	暴雨橙色预警	暴雨红色预警
卫生部门		组织抢救伤员，做好防疫工作，防止和控制灾区疫情、疾病的发生、传播和蔓延	
交通运输部门	协助公安部门规划应急交通管制线路，确保暴雨发生时交通安全畅通；督促公路管理机构和收费公路经营单位在危险路段设立醒目的警示标志	组织运送救援人员、受灾人员、救援设备、救灾物资等；负责组织、指挥、协调抢修因暴雨损坏的公路交通设施	组织、指挥、协调修复因受灾中断的公路、桥梁、隧道、内河航道和其他受损的重要交通设施
旅游部门		督促、协助旅游景点疏散游客	协助做好受灾旅游景点的救灾工作
国土资源部门	通知地质灾害危险点的防灾责任人、监测人和该区域内的群众	组织人员重点巡查地质灾害危险点并采取防范措施	对已发生的地质灾害开展应急调查，协助当地政府采取应急措施
安监部门	通知安委会各成员单位做好防暴雨的安全工作	督促高危行业、企业落实防暴雨工作	参与、协调事故的抢险、救灾工作
乡镇、社区	及时收听暴雨信息，并通知本区住户；关注暴雨最新动态，检查本区各项防雨措施落实情况；通知居住在低洼地带、各类危旧住房、厂房、工棚、临时建筑中的人员防范可能出现的水浸、房屋漏雨等情况，并组织排查安全隐患	撤离辖区范围山边、河边窝棚内的临时居住人员；会同有关部门加强对危坡、危墙、危房的监测	撤离并安置居住在有安全隐患的各类危旧住房、厂房、工棚、临时建筑中的人员，尤其是临近山坡的临时建筑中的人员；组织力量对区内出现的灾情进行救援

续表

部门响应＼预警等级	Ⅳ级、Ⅲ级	Ⅱ级	Ⅰ级
	暴雨蓝色、黄色预警	暴雨橙色预警	暴雨红色预警
部队和武警		进入紧急抢险救灾状态，对灾害现场实施救援	
新闻媒体	运用多种形式，及时传播气象部门发布的暴雨预警信息，提示社会公众采取有效措施，做好暴雨灾害防护工作		
社会公众	注意收听、收看媒体传播的暴雨信息，及时了解暴雨动态；不到暴雨发生的地区游玩或海滩游泳	调整出行计划，尽量减少外出，尽快回家；关闭门窗，以免雨水进入室内	户外人员应寻找安全地带避雨，注意防止雷电袭击；危险建筑物内的人员应撤离
学校、幼儿园	做好防暴雨准备、暂停户外活动		收到停课通知后应保护好在校学生和幼儿园内儿童的安全
建筑工地	及时收听有关暴雨信息，做好防暴雨工作	停止户外作业	
供电供水供气等基础设施营运单位	及时收听、收看暴雨信息	关注暴雨最新动态，采取必要措施避免设施损坏	迅速调集力量，组织抢修水毁设施

三、暴雪灾害部门联动和社会响应

预警等级 部门响应	Ⅳ级、Ⅲ级	Ⅱ级	Ⅰ级
	暴雪蓝色、黄色预警	暴雪橙色预警	暴雪红色预警
气象部门	加强监测预报，及时发布暴雪蓝色、黄色预警信号及相关防御指引	及时发布暴雪橙色预警信号，适时增加预报发布频次	及时发布暴雪红色预警信号，增加预报发布频次
公安部门	加强对重点地区、重点场所、重点人群、重要设备的保护；限制高速公路车流、车速，及时处置因暴雪引起的交通事故	组织警力，随时准备投入抢险救灾工作；限制高速公路车流车速，及时处置因暴雪引起的交通事故	负责灾害事件发生地的治安救助工作；必要时封闭高速公路，实行道路警戒和交通管制
教育部门	通知学校、幼儿园做好防暴雪准备，暂停室外教学活动		通知学校、幼儿园做好防暴雪准备，停止室外教学活动，保护已抵达学校的学生和幼儿园内儿童的安全
城管部门	组织检查公共场所积雪情况，配合有关部门及时清扫积雪，并督促相关单位加固棚架等易被积雪压损的临时搭建物		
农林部门	组织种植业主做好防暴雪、防冻害及采取其他有效防御措施		
民政部门	根据需要开放紧急避难场所；为进场人员提供必要的防护措施；组织转移、安置、慰问灾民		开放紧急避难场所；为进场人员提供必要的防护措施；组织转移、安置、慰问灾民
卫生部门	保证医疗卫生服务正常开展	组织做好伤员医疗救治和卫生防病工作	

续表

部门响应 \ 预警等级	Ⅳ级、Ⅲ级	Ⅱ级	Ⅰ级
	暴雪蓝色、黄色预警	暴雪橙色预警	暴雪红色预警
交通运输部门	协助公安部门规划应急交通管制线路，确保暴雪发生时道路交通安全畅通；督促公路部门和收费公路经营单位在危险路段设立醒目的警示标志	组织运送救援人员、受灾人员、救援设备、救灾物资等。督促公路部门和收费公路经营单位抢修因暴雪损坏的公路交通设施	组织、指挥、协调修复受灾中断的国道、省道及内河航道和其他受损的重要交通设施
旅游部门		督促、协助旅游景点疏散游客	协助做好受灾旅游景点的救灾工作
国土资源部门	通知地质灾害危险点的防灾责任人、监测人和该区域内的群众	组织人员重点巡查地质灾害危险点并采取防范措施	对已发生的地质灾害开展应急调查，协助当地政府采取应急措施
安监部门	通知安委会各成员单位做好防暴雪安全工作	督促高危行业、企业落实防暴雪工作	参与、协调事故的抢险、救灾工作
乡镇、社区	及时收听暴雪信息，通知住户清理积雪并组织检查	关注暴雪最新动态，检查本区积雪清理情况	关注暴雪最新动态，检查本区积雪清理情况，组织力量对区内出现的灾情进行救援
部队和武警		进入紧急抢险救灾状态，对灾害现场实施救援	
新闻媒体	运用多种形式，及时传播气象台站发布的暴雪天气预报信息		
社会公众	注意收听、收看媒体传播的暴雪信息，及时了解暴雪动态；主动做好门前积雪清理工作		
学校、幼儿园	做好防暴雪准备、暂停户外活动		做好防雪灾工作，停止户外活动，保护好在校学生和幼儿园内儿童的安全

续表

部门响应＼预警等级	Ⅳ级、Ⅲ级	Ⅱ级	Ⅰ级
	暴雪蓝色、黄色预警	暴雪橙色预警	暴雪红色预警
供电供水供气等基础设施营运单位	及时收听、收看暴雪信息	关注暴雪最新动态，采取必要措施避免设施损坏	迅速调集力量，组织抢修损毁设施

四、寒潮灾害部门联动和社会响应

预警等级 部门响应	Ⅳ级、Ⅲ级	Ⅱ级	Ⅰ级
	寒潮蓝色、黄色预警	寒潮橙色预警	寒潮红色预警
气象部门	加强监测预报，及时发布寒潮蓝色、黄色预警信号及相关防御指引	及时发布寒潮橙色预警信号及相关防御指引，适时增加预报发布频次	及时发布寒潮红色预警信号，增加预报发布频次；开展寒潮影响分析评估
住房城乡建设部门	对市政园林树木、花卉等采取防寒措施	加强市政园林树木、花卉等防寒工作	对市政园林树木、花卉采取紧急防寒措施
农林部门	指导果农、菜农、林农和水产养殖户做好防寒工作	指导果农、菜农、林农和水产养殖户采取防寒和防风措施	做好牲畜、家禽防寒保暖工作，农业、林业、水产业、畜牧业等应采取防霜冻、防冰冻、加暖、加盖和防大风措施；部分作物可提前收获上市
民政部门	采取防寒措施，开放避寒场所	采取应急预案进行防寒保障，尤其是贫困户以及流浪人员等	采取紧急防寒应对措施
卫生部门	宣传寒潮可能对公众健康带来的不利影响及对策	做好寒潮引发的疾病救治工作	
交通运输、海事部门	采取措施，提醒水上作业的人员做好防御工作，加强水上船舶航行安全监管		
乡镇、社区	及时收听寒潮信息并通知本区住户做好防寒工作，提示居民注意取暖设施用电、用气安全；组织实施本区各项防寒、救援工作		

续表

部门响应 \ 预警等级	Ⅳ级、Ⅲ级	Ⅱ级	Ⅰ级
	寒潮蓝色、黄色预警	寒潮橙色预警	寒潮红色预警
新闻媒体	运用多种形式，及时传播气象台站发布的寒潮预警信息，提示社会公众做好寒潮灾害防护工作		
社会公众	注意收听、收看媒体传播的寒潮信息，及时了解天气变化，注意添衣保暖	年老体弱者、儿童及呼吸道疾病患者、关节炎患者、胃溃疡患者、心脑血管疾病患者注意保暖，做好防护	

五、大风灾害部门联动和社会响应

部门响应＼预警等级	Ⅳ级、Ⅲ级	Ⅱ级、Ⅰ级
	大风蓝色、黄色预警	大风橙色、红色预警
气象部门	加强监测预报，及时发布大风蓝色、黄色预警信号及相关防御指引	及时发布大风橙色、红色预警信号，适时增加预报发布频次
教育部门	根据防御指引、提示，通知学校、幼儿园做好停课准备，避免在突发大风时段上学、放学	
住房城乡建设部门	提醒有关单位对市政基础设施、树木等的安全性进行巡查并采取加固措施	安排专人对市政基础设施、树木的安全性进行排查并采取加固措施，必要时拆除有安全隐患的设施
城管部门	提醒有关单位对设置在露天的广告牌采取加固措施；对露天广告牌的安全性进行巡查并采取加固措施	安排专人对露天广告牌的安全性进行排查并采取加固措施，必要时拆除有安全隐患的设施
农林部门	提醒果农、菜农、林农、水产养殖户等做好防风、防火准备工作	指导果农、菜农、林农、水产养殖户等采取防风、防火措施
民政部门	做好受灾群众紧急转移安置准备工作，为受灾群众提供基本生活救助	
卫生部门	宣传大风可能对公众健康带来的不利影响及对策	做好大风引发的疾病防控和伤员救治工作
交通运输、海事部门	通知相关水域水上作业人员和过往船舶采取积极的应对措施，回港避风或者绕道航行等；加固港口设施，防止船舶走锚、搁浅或碰撞	通知相关水域水上作业人员和过往船舶回港避风；加固港口设施，防止船舶走锚、搁浅和碰撞；回港避风的船舶应视情采取积极措施，必要时停止作业；妥善安排人员留守或转移到安全地带；督促运营单位暂停运营、妥善安置滞留旅客

续表

部门响应＼预警等级	Ⅳ级、Ⅲ级	Ⅱ级、Ⅰ级
	大风蓝色、黄色预警	大风橙色、红色预警
电力、通信部门	监控架空电力和通信线路，确保安全，及时抢修损毁线路	对于架空电力和通信线路进行严密监控并事先进行加固，及时抢修损毁线路
乡镇、社区	及时收听有关大风预警信息并通知住户做好防风工作，提示居民注意安全；组织实施本区各项防御、救援工作	
新闻媒体	运用多种形式，及时传播气象台站发布的大风预警信息，提示社会公众做好大风灾害防护工作	
社会公众	注意收听、收看媒体的大风预警信息，及时了解天气变化	尽量不出门，不在广告牌、架空电线电缆、树木下躲避

六、沙尘暴灾害部门联动和社会响应

部门响应 \ 预警等级	Ⅲ级	Ⅱ级	Ⅰ级
	沙尘暴黄色预警	沙尘暴橙色预警	沙尘暴红色预警
气象部门	加强监测预报，及时发布沙尘暴预警信号及相关防御指引，严重时适时增加预报发布频次		
公安部门	加强道路交通安全监管，把围板、棚架、临时搭建物等易被风吹动的搭建物固紧，妥善安置易受沙尘暴影响的室外物品	公安消防部门特别注意告诫市民，刮风时不要在广告牌、临时搭建物和老树下逗留	负责沙尘暴发生地的治安工作
教育部门	督促各学校做好学生防沙尘暴准备，及时关闭门窗	停止举行户外活动	通知学校、幼儿园停课，对在校学生和入园儿童应派专人负责看护，直至特强沙尘暴结束
住房城乡建设部门	督促建筑、施工等露天作业场所采取有效防沙尘暴准备，保障安全	督促各建筑施工单位合理停止户外作业	建议各建筑施工单位停止户外和高空作业，把围板、棚架、临时搭建物等易被风吹动的搭建物固紧，妥善安置易受沙尘暴影响的室外物品
农林部门	对种植、养殖物采取有效防沙尘暴准备，保障安全	指导种植、养殖户紧急预防沙尘暴	加强对种植、养殖户应对沙尘暴的指导
水务部门	采取措施保障生产和生活用水	采取紧急措施保障生活和重点生产	确保居民生活用水

续表

部门响应 \ 预警等级	Ⅲ级	Ⅱ级	Ⅰ级
	沙尘暴黄色预警	沙尘暴橙色预警	沙尘暴红色预警
民政部门	通知各社区做好防沙尘暴准备:及时关闭门窗;注意携带口罩、纱巾等防尘用品,以免沙尘对眼睛和呼吸道造成损伤;人员应当待在安全的地方,不要在户外活动		
卫生部门	宣传沙尘暴常识,督促并指导有关单位落实应对沙尘暴的卫生保障措施	落实人员应对沙尘暴采取卫生保障措施	各大医院、社区康复中心采取紧急措施,妥善应对可能大量增加的因沙尘暴天气导致呼吸道疾病患者就医增多的各项救治工作
旅游部门	对旅游景点、饭店和旅行社加强监管,督促落实防沙尘暴措施	采取措施,建议某些户外旅游项目暂停开放	关闭户外旅游场所
电力部门	防范因用电量过高,电线、变压器等电力设备负荷过大而引发故障	采取错峰用电措施,保障用电供给和安全	
人力资源社会保障部门	加强劳动安全监察,查处沙尘暴天气下强行工作的企业	根据沙尘暴能见度情况发出停工建议	通知部分行业停工、停产
食品药品监管部门	严格执行食品卫生制度,避免因沙尘暴带来的食品卫生安全事件		
安监部门	督促各成员单位加强沙尘暴天气条件下的安全生产管理		
乡镇、社区	及时收听沙尘暴信息并通知本区住户做好防沙尘暴工作;配合民政部门,积极救助困难户、老弱人员;在辖区内广泛宣传防沙尘暴常识		
新闻媒体	运用多种形式,及时传播气象台站发布的沙尘暴预警信息,提示社会公众做好沙尘暴天气防护工作		
社会公众	注意收听、收看媒体传播的沙尘暴天气预警信息	尽量避免户外活动	停止户外活动

七、高温灾害部门联动和社会响应

预警等级 部门响应	Ⅲ级	Ⅱ级	Ⅰ级
	高温黄色预警	高温橙色预警	高温红色预警
气象部门	加强监测预报，及时发布高温黄色预警信号及相关防御指引	及时发布高温橙色预警信号及相关防御指引，适时增加预报发布频次	及时发布高温红色预警信号及相关防御指引，增加预报发布频次；开展高温影响分析评估
公安部门	加强道路交通安全监管，防止车辆因高温造成自燃、爆胎等引发的交通事故	公安消防部门特别注意因电器超负荷引起火灾的危险，告诫市民注意防火	负责高温发生地的治安救助工作
教育部门	督促各学校做好学生防暑降温工作	停止举行户外活动	通知学校、幼儿园停课，对在校学生和入园儿童应派专人负责看护并做好防暑降温工作
住房城乡建设部门	督促建筑、施工等露天作业场所采取有效防暑措施，防止人员中暑	督促各建筑施工单位合理安排户外作业	建议各建筑施工单位停止户外和高空作业
农林部门	对种植、养殖物采取防高温保护措施	指导种植、养殖户紧急预防高温	加强对种植、养殖户应对高温的指导
水务部门	采取措施保障生产和生活用水	采取紧急措施保障生活和重点生产	确保居民生活用水
民政部门	通知各社区做好高温预防工作，注意防暑降温，对贫困户、五保户采取特殊保护措施；加强避暑、收容场所管理，采取必要措施防暑降温		
卫生部门	宣传中暑救治常识，督促并指导有关单位落实防暑降温卫生保障措施	落实人员（尤其是老弱病人和儿童）因中暑引发其他疾病的救治措施	各大医院、社区康复中心采取紧急措施，妥善应对可能大量增加的中暑或类似病患者

续表

部门响应 \ 预警等级	Ⅳ级、Ⅲ级	Ⅱ级	Ⅰ级
	高温蓝色、黄色预警	高温橙色预警	高温红色预警
交通运输部门	对各交通物流企业、单位加强指导，督促落实防暑降温措施	提示道路作业单位合理安排户外作业；运输易燃、易爆物品的车辆应采取防护措施	停止户外、道路路面作业
旅游部门	对旅游景点、饭店和旅行社加强监管，督促其采取防暑降温措施	采取措施，建议某些户外旅游项目暂停开放	关闭户外旅游场所
电力部门	防范因用电量过高，电线、变压器等电力设备负荷过大而引发故障	采取错峰用电措施，保障用电供给和安全	
人力资源社会保障部门	加强劳动安全监察，查处高温下不采取防暑降温措施强行工作的企业	在高温时段根据情况发出停工建议	通知部分行业停工、停产
食品药品监管部门	加大对市场生产、流通防暑降温药品、防暑防晒化妆品、保健品的监管力度；严格执行食品卫生制度，避免因食品变质引发中毒事件		
安监部门	督促各成员单位加强高温条件下的安全生产管理		
乡镇、社区	及时收听高温信息并通知本区住户做好防暑工作；配合民政部门，积极救助困难户、老弱人员；在辖区内广泛宣传防高温中暑常识		
新闻媒体	运用多种形式，及时传播气象台站发布的高温预警信息，提示社会公众做好高温灾害防护工作		
社会公众	注意收听、收看媒体传播的高温天气预警信息；中午前后避免户外活动	调整作息时间，注意饮食调节，尽量避免户外活动	停止户外活动

八、干旱灾害部门联动和社会响应

预警等级 / 部门响应	Ⅱ级	Ⅰ级
	干旱橙色预警	干旱红色预警
气象部门	加强监测预报,及时发布干旱预警信号及相关防御指引,适时增加预报发布频次;了解干旱影响并进行综合分析;适时组织开展人工影响天气作业,减轻干旱影响	
公安部门	加强道路交通安全监管,公安消防部门特别注意防止车辆因天气干燥,温度高造成自燃、爆胎等引发的交通事故,告诫市民注意天气干燥容易引发火灾	负责干旱发生地的治安、救助工作
教育部门	督促各学校做好干燥天气及时补水、增加空气湿度工作,防止学生因脱水引发疾病	通知学校、幼儿园停课
住房城乡建设部门	督促建筑、施工等露天作业场所采取有效增湿工作,督促各建筑施工单位合理安排户外作业	建议各建筑施工单位停止户外和高空作业
农林部门	指导农牧户、林业生产单位采取管理和技术措施,减轻干旱影响,防范森林火灾	
水务部门	加强旱情、墒情监测分析,合理调度水源,组织实施抗旱减灾等工作	
经济和信息化部门	做好抗旱物资调配工作	
民政部门	落实应急措施,做好救灾人员和物资准备,负责因干旱导致缺水缺粮群众的基本生活救助	
卫生部门	防范应对干旱导致的食品和饮用水卫生安全问题及其引发的突发公共卫生事件	

续表

预警等级 部门响应	Ⅱ级	Ⅰ级
	干旱橙色预警	干旱红色预警
交通运输部门	对各交通物流企业、单位加强指导,督促落实加强抗旱工作措施,提示道路作业单位合理安排户外作业;运输易燃、易爆物品的车辆应采取防护措施	停止户外、道路路面作业
旅游部门	对旅游景点、饭店和旅行社加强监管,督促其采取抗旱工作;建议某些户外旅游项目暂停开放	关闭户外旅游场所
电力部门	加强抗旱电力保障	
人力资源社会保障部门	加强劳动安全监察,查处干旱天气下不采取降温增湿措施强行工作的企业,根据干旱情况发出停工建议	通知部分行业停工、停产
安监部门	督促各成员单位加强干旱条件下的安全生产管理	
乡镇、社区	及时收听干旱信息并通知本区住户做好防干旱工作;配合民政部门,积极救助困难户、老弱人员;在辖区内广泛宣传抗旱常识	
新闻媒体	及时刊发抗旱预警信息,加强抗旱工作新闻报道,做好新闻舆论引导	
社会公众	注意收听、收看媒体传播的干旱天气预警信息,调整作息时间,及时补水,尽量避免户外活动	停止户外活动

九、雷电灾害部门联动和社会响应

预警等级 / 部门响应	Ⅲ级	Ⅱ级	Ⅰ级
	雷电黄色预警	雷电橙色预警	雷电红色预警
气象部门	加强监测预报，及时发布雷电预警信号及相关防御指引；重大灾害发生后，及时组织技术人员赶赴现场，会同有关部门做好灾情应急处置、分析评估工作		
消防部门	处置因雷击造成的火灾		
公安部门	组织警力上街巡查，疏导道路交通；处置因雷击造成的交通事故；通过交通电台向驾驶员提示交通堵塞路段		
教育部门	通知学校停止露天体育课和升旗活动；督促检查学校在雷电发生时保证学生留在学校教室内，待雷电过后才可到室外活动或离校		
住房城乡建设部门	提醒、督促施工单位必要时暂停户外作业；组织道路桥梁巡查，及时组织人员修复被雷电击坏的市政设施，疏通排水管道；通知绿化人员停止户外作业		
城管部门	组织路灯巡查人员修复被雷电击坏的路灯等市政设施；通知环卫人员停止户外作业		
农业部门	针对农业生产做好监测预警，落实防御措施，组织抗灾、救灾和灾后恢复生产工作		
安监部门	通知安委会各成员单位做好防雷电的安全工作；督促高危行业、企业落实防雷电工作；参与、协调雷击事故的抢险、救灾工作		
交通运输部门	向雷电发生地域的交通单位发出停止户外高空作业的通知，提示提防雷雨大风		
卫生部门	组织做好伤员救护工作		
旅游部门	通知旅游景点停止户外娱乐项目		
电力部门	加强电力设施检查和电网运营监控，及时排除故障和险情		
事发地政府	对伤亡人员展开救助；向应急指挥中心报告人员伤亡事故和灾情救助情况		

续表

部门响应＼预警等级	Ⅲ级	Ⅱ级	Ⅰ级
	雷电黄色预警	雷电橙色预警	雷电红色预警
乡镇、社区	在社区内公告气象台站发布的雷电预警信息；提示居民收好阳台衣物并关闭门窗		
新闻媒体	运用多种形式，及时传播气象台站发布的雷电预警信息，提示社会公众做好雷电灾害防护工作		
社会公众	避免在空旷处行走，尽量待在室内等安全场所；避免在大树、高耸孤立物下躲避雷电；尽量避免在雷电时拨打、接听手机		

十、冰雹灾害部门联动和社会响应

预警等级 / 部门响应	Ⅱ级	Ⅰ级
	冰雹橙色预警	冰雹红色预警
气象部门	加强监测预报，及时发布冰雹橙色预警信号及相关防御指引，做好人工防雹作业准备并择机进行作业，注意防御冰雹天气伴随的雷电灾害	及时发布冰雹红色预警信号及相关防护指引，适时增加预报发布频次；适时开展人工防雹作业，注意防御冰雹天气伴随的雷电灾害
公安部门	组织警力上街巡查，疏导道路交通；处置因冰雹造成的交通事故；通过交通电台向驾驶员提示交通堵塞路段	
教育部门	通知学校停止露天体育课和升旗活动；督促检查学校在冰雹发生时保证学生留在学校教室内，待冰雹过后才可到室外活动或离校	
住房城乡建设部门	提醒、督促施工单位必要时暂停户外作业；组织道路桥梁巡查，及时组织人员修复被冰雹击打的市政设施，疏通排水管道；通知绿化人员停止户外作业	
城管部门	组织路灯巡查人员修复被冰雹击打的路灯等市政设施；通知环卫人员停止户外作业	
农林部门	做好防冰雹应急工作和雹灾发生后的救灾工作	
民政部门	做好雹灾发生后的救灾工作	
交通运输部门	向冰雹发生区域的交通单位发出停止户外高空作业的通知，提示提防冰雹带来的危害	
旅游部门	通知旅游景点停止户外娱乐项目	
电力部门	加强电力设施检查和电网运营监控，及时排除故障和险情	
安监部门	通知各成员单位做好预防冰雹的安全工作；督促高危行业、企业落实防冰雹工作；参与、协调冰雹事故的抢险、救灾工作	
新闻媒体	及时报道冰雹预警信息，刊播科学防御冰雹知识	

续表

预警等级 / 部门响应	Ⅱ级	Ⅰ级
	冰雹橙色预警	冰雹红色预警
乡镇、社区	在社区内公告气象台站发布的冰雹预警信息；提示居民收好阳台衣物并关闭门窗	
社会公众	及时了解掌握冰雹天气信息，减少户外活动，做好个人防护工作；人员不要进入孤立棚屋、岗亭等建筑物，或在高楼烟囱、电线杆或大树底下躲避冰雹，尽量找到一个坚固的地方躲避，尤其是在出现雷电时；在做好防雹准备的同时，也要做好防雷电的准备	

十一、霜冻灾害部门联动和社会响应

部门响应＼预警等级	Ⅳ级	Ⅲ级	Ⅱ级
	霜冻蓝色预警	霜冻黄色预警	霜冻橙色预警
气象部门	加强监测预报，及时发布霜冻蓝色预警信号及相关防御指引	及时发布霜冻黄色、橙色预警信号及相关防御指引，适时增加预报发布频次；对造成重大灾害的霜冻影响开展分析评估	
住房城乡建设部门	提醒、督促施工单位必要时暂停户外作业；通知绿化人员停止户外作业		
农林部门	做好防霜冻应急工作；农村基层组织应广泛发动群众防灾抗灾；对农作物、林业育种应采取田间灌溉等防霜冻措施；对蔬菜、花卉、瓜果应采取覆盖、喷洒防冻液等措施减轻冻害	农林主管部门按照职责做好防霜冻应急工作；农村基层组织要广泛发动群众，防灾抗灾；对农作物、林业育种要积极采取田间灌溉等防霜冻措施，尽量减少损失	农林主管部门按照职责做好防霜冻应急工作；农村基层组织要广泛发动群众，防灾抗灾；对农作物、蔬菜、花卉、瓜果、林业育种要采取积极的应对措施，尽量减少损失
民政部门	通知各社区做好霜冻预防工作，注意防寒保暖，对贫困户、五保户采取特殊保护措施		
卫生部门	根据霜冻天常发病例，做好相关医护准备		
电力部门	主管生产负责人到岗指挥各部门、供电所保电，全力做好应急抢险工作，并要求该公司全体抢修、指挥人员24小时在岗值班，以随时应对突发事故，确保电网发生故障后迅速准确处理故障，第一时间恢复供电		
交通运输部门	向霜冻发生地域的交通单位发出通知，提示提防霜冻		

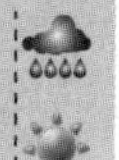

续表

预警等级 部门响应	Ⅳ级	Ⅲ级	Ⅱ级
	霜冻蓝色预警	霜冻黄色预警	霜冻橙色预警
水务部门	各级供水企业积极充实安全管理力量，加大安全投入，不断提高安全保障水平；各区域供水调度管理确保供水管网安全，以达到管网水质、服务压力平稳；加强重点设施、重点设备的防冻保暖工作，特别对裸露的供水设施重点防范		
乡镇、社区	配合农林主管部门按照职责做好防霜冻准备工作；对蔬菜、花卉、瓜果、林业育种要采取积极的应对措施，尽量减少损失；及时收听霜冻信息并通知本区域住户做好防寒保暖工作		
新闻媒体	及时跟踪报道霜冻预警信息，刊播防御霜冻知识		
社会公众	注意防寒保暖		

十二、大雾灾害部门联动和社会响应

预警等级 部门响应	Ⅲ级	Ⅱ级	Ⅰ级
	大雾黄色预警	大雾橙色预警	大雾红色预警
气象部门	加强监测预报，及时发布大雾黄色预警信号	及时发布大雾橙色、红色预警信号及相关防御指引，适时增加预报发布频次；对造成重大灾害的大雾影响开展分析评估	
公安、交通运输部门	发布相关道路动态信息，提醒驾驶员放慢行驶速度、开启雾灯、近光灯及尾灯等，预防交通事故发生	限制高速公路车流、车速；视情封闭高速公路，对客运站、港口码头、市内交通采取分流和管制措施	
海事部门	向水上船舶和水上、水下作业单位发布信息，提醒落实安全措施	必要时采取限航、停止作业、内河停航措施，禁止渔业船舶出港	
教育部门	及时了解天气信息并转告学校、幼儿园的学生和儿童，告知大雾天应注意的安全事项	取消室外活动，及时了解天气信息并转告学校、幼儿园的学生和儿童，告知大雾天应注意的安全事项，妥善安排校内学生和园内儿童的活动	
卫生部门	根据大雾天常发病例，做好相关医护准备	启动应急预案，妥善处理可能出现的呼吸道疾病患者突然增多的情况	
电力部门	加强电网运营监控，采取措施尽量避免发生设备污闪故障，及时消除和减轻因设备污闪造成的影响		
旅游部门	通知旅游景点停止户外娱乐项目		
乡镇、社区	配合有关部门和单位按照职责做好防大雾应急工作，不要进行户外活动；大雾天气容易造成一氧化碳中毒，靠室内煤炉取暖的人们要做好通风措施；及时收听有关大雾信息并通知本区域住户做好防雾工作		

续表

部门响应 \ 预警等级	Ⅲ级	Ⅱ级	Ⅰ级
	大雾黄色预警	大雾橙色预警	大雾红色预警
新闻媒体	及时跟踪报道预警和预测及交通路况等信息	按照应急指挥部门的安排及时刊播防灾救灾信息	
社会公众	尽量不到户外行走，更不要早起锻炼，非出门行走不可时最好戴口罩，外出归来应立即清洗面部及裸露的肌肤，注意交通安全	户外人员应使用口罩等防护品，尽早到室内躲避大雾天气，注意交通安全	

十三、霾灾害部门联动和社会响应

部门响应 \ 预警等级	Ⅲ级	Ⅱ级	Ⅰ级
	霾黄色预警	霾橙色预警	霾红色预警
气象部门	加强监测预报，及时发布霾预警信号及相关防御指引，适时增加预报发布频次；对造成重大灾害的霾影响开展分析评估		
水务部门	向水务相关各个项目部、项目法人以及区县水务局、市局直管用水项目部下发文件并电话通知，停止所有相关土方施工和建筑拆除类施工，在可能产生扬尘的路面洒水，并对露天工地进行土方苫盖		
公安、交通运输部门	通过城区主要路口的电子屏幕及交通信息服务短信平台，向驾驶员发布有关道路动态信息，提醒途经盘山临水及崎岖道路时自觉放慢行驶速度，预防交通事故发生		
教育部门	及时了解天气信息并转告学校、幼儿园的学生和儿童，告知霾出现时应注意的安全事项		
电力部门	加大电网设备巡视和保障力度，出动专业人员对输变电设备展开现场特巡，重点监测输电线路绝缘子积污情况；重点对“煤改电”等用户的故障报修进行监测，做好应急抢修准备工作		
农林部门	密切关注天气预报，当遇到低温雾霾寡照天气时，各地应减少或停止浇水，以免降低地温和引发病害；连续雾霾天气突然变晴后，不要立即全部揭开覆盖蔬菜大棚的草苫，要适当遮荫，可间隔揭开草苫，以防植株因骤然见光失水过度，导致萎蔫死亡		
卫生部门	根据霾天气常发病例，做好相关医护准备，启动应急方案，处理可能出现的呼吸道疾病患者突然增多的情况		
旅游部门	提示广大游客及旅游接待单位，出行或组织旅游接待活动请密切关注天气信息，注意防范雾霾等恶劣天气对旅游交通和户外活动的不利影响		

续表

预警等级 部门响应	Ⅲ级	Ⅱ级	Ⅰ级
	霾黄色预警	霾橙色预警	霾红色预警
乡镇、社区	配合有关部门和单位按照职责做好防霾应急工作，禁止焚烧农作物秸秆，引导保洁员及时清扫清运生活垃圾，严禁焚烧行为；及时收听有关霾信息并通知本区域住户停止户外活动，关闭室内门窗，等到预警解除后再开窗换气；儿童、老年人和易感人群留在室内；外出时戴上口罩，尽量乘坐公共交通工具出行，减少小汽车上路行驶；外出归来，立即清洗面部及裸露的肌肤		
新闻媒体	及时跟踪报道预警和预测及交通路况等信息，按照应急指挥部门的安排及时刊播霾防灾救灾信息		
社会公众	不要早起锻炼，出门时应戴口罩，外出归来应立即清洗		

十四、道路结冰灾害部门联动和社会响应

部门响应 \ 预警等级	Ⅲ级	Ⅱ级	Ⅰ级
	道路结冰黄色预警	道路结冰橙色预警	道路结冰红色预警
气象部门	加强监测预报，及时发布道路结冰预警信号及相关防御指引，适时增加预报发布频次		
公安部门	加强交通秩序维护，注意指挥、疏导行驶车辆；必要时关闭易发生交通事故的结冰路段		
教育部门	取消室外活动，及时了解天气信息并转告学校、幼儿园的学生和儿童，告知道路结冰应注意的安全事项，妥善安排学生和儿童的活动。		
住房城乡建设、水务部门	做好供水、供气、供暖等系统防冰冻措施		
农林部门	组织对农作物、牲畜、林木（苗木）、水产养殖等采取必要的防护措施		
民政部门	负责受灾群众的紧急转移安置并为受灾群众和公路、铁路等滞留人员提供基本生活救助		
卫生部门	组织做好伤员救治和卫生防病工作		
交通运输部门	通知相关运输企业做好车辆防冻工作，提醒高速公路、高架道路车辆减速行驶；会同有关部门根据冰冻情况及时组织力量或采取措施做好道路除冰工作		
电力部门	加强电力设备巡查、养护，及时排查清除电力故障；做好电力设施设备覆冰应急处置工作		
乡镇、社区	配合有关部门和单位相关应急处置部门随时准备启动应急方案，做好农作物、牲畜防冻，可以在结冰道路上撒工业盐，增快冰的融化速度；及时收听道路结冰信息并通知本区域住户停止户外活动，儿童、老年人和易感人群留在室内		
新闻媒体	及时报道道路结冰预警信息，加强社会引导		
社会公众	及时了解掌握天气预报信息，做好出行前的各项防护工作，防止因道路结冰打滑造成外伤		

参考文献

本书编委会.2010.气象信息员工作手册.北京:气象出版社.

本书编委会.2010.气象信息员知识读本.北京:气象出版社.

本书编写组.2010.气象灾害应急避险常识.北京:气象出版社.

许小峰.2012.气象防灾减灾.北京:气象出版社.

许小峰.2011.现代气象服务.北京:气象出版社.

朱临洪.2014.气象灾害防灾减灾知识读本.山西:山西科学技术出版社.